Amanda Olivier

Modelo para el Fortalecimiento Agroproductivo NUDE: Políticas Agricola

Amanda Olivier

Modelo para el Fortalecimiento Agroproductivo NUDE: Políticas Agricola

La Agroecología, Institucionalidad y
Participación del Poder Popular: Contribución a
las Políticas Públicas Agrícolas

Editorial Académica Española

Imprint
Any brand names and product names mentioned in this book are subject to trademark, brand or patent protection and are trademarks or registered trademarks of their respective holders. The use of brand names, product names, common names, trade names, product descriptions etc. even without a particular marking in this work is in no way to be construed to mean that such names may be regarded as unrestricted in respect of trademark and brand protection legislation and could thus be used by anyone.

Cover image: www.ingimage.com

Publisher:
Editorial Académica Española
is a trademark of
Dodo Books Indian Ocean Ltd. and OmniScriptum S.R.L publishing group

120 High Road, East Finchley, London, N2 9ED, United Kingdom
Str. Armeneasca 28/1, office 1, Chisinau MD-2012, Republic of Moldova, Europe
Printed at: see last page
ISBN: 978-613-9-46528-6

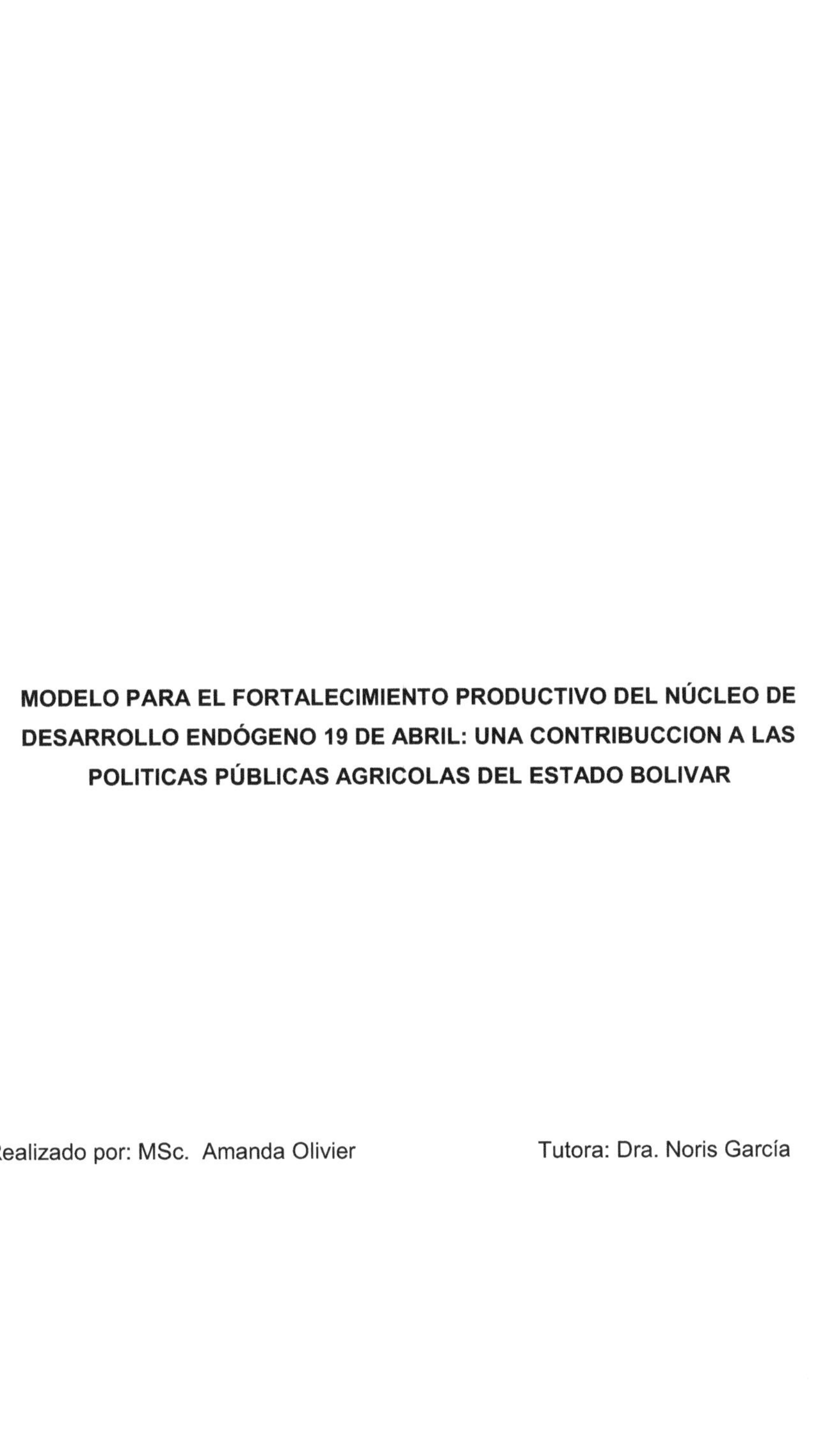

MODELO PARA EL FORTALECIMIENTO PRODUCTIVO DEL NÚCLEO DE DESARROLLO ENDÓGENO 19 DE ABRIL: UNA CONTRIBUCCION A LAS POLITICAS PÚBLICAS AGRICOLAS DEL ESTADO BOLIVAR

Realizado por: MSc. Amanda Olivier   Tutora: Dra. Noris García

DEDICATORIA

Le dedico este trabajo de investigación al Dios Padre creador del Universo de todas las cosas visibles e invisibles de la tierra.

La riega los montes desde sus aposentos, Del fruto de la tierra se sacian sus obras

Salmo 104:13

A   mis morochos Jesús y José mis luchas diarias de vida.

A Maita, aunque no está presencial si espiritualmente

AGRADECIMIENTO

Al Dios Altísimo y todo el universo de seres espirituales y humanos bondadosos que contribuyeron con este logro

A mi estimada amiga, compañera y luchadora de caminos Ana Peña

A mi estimado amigo José Guerra

A la profesora Noris García por su apoyo y confianza

A la universidad Bolivariana de Venezuela por contribuir con este triunfo

Al Núcleo de Desarrollo Endógeno y la comunidad de 19 de abril donde inicie este proyecto y los miembros de su cooperativa Kamaropa: Roxana, Andrés, Nelly, Rosa, Roselys, Francisca, Víctor, Judith, Mercedes y Antonio

ÍNDICE

Pág.

INTRODUCCIÓN

.... X

CAPITULO I: Contextualización de las Políticas Públicas Agrícolas a nivel latinoamericano y venezolano 28

1.1. Antecedentes sobre las políticas públicas agrícolas. 28

1.2 Características de las Políticas Públicas Agrícolas en Venezuela aplicaciones y establecimientos 32

1.3. La gestión del Estado para el establecimiento de las políticas públicas Agrícolas 39

1.4 La nueva concepciones y visión de las Políticas Públicas Agrícolas 44

1.5 Bases legales que sustentan de las Políticas Públicas Agrícolas en Venezuela 47

CAPITULO II: Caracterización del estado actual del fortalecimiento productivo del Núcleo de Desarrollo Endógeno de la comunidad 19 de Abril Municipio Angostura del Orinoco estado Bolívar. 55

2.1 Delimitación del Núcleo de Desarrollo Endógeno 19 de abril 57

2.2 Características Productivas del Núcleo de Desarrollo Endógeno 19 de abril 58

CAPITULO III: Modelo para el fortalecimiento productivo del Núcleo del Desarrollo Endógeno 19 de Abril: Una contribución a las Políticas Públicas Agrícolas del estado Bolívar 71

3.1 Categorías del modelo para el fortalecimiento productivo en el Núcleo de Desarrollo Endógeno 19 de abril 76

3.2 Principios y líneas de acciones del modelo para el fortalecimiento productivo del Núcleo de Desarrollo Endógeno de la comunidad 19 de Abril Municipio Angostura del Orinoco estado Bolívar 82

3.3 Caracterización del Modelo para el Fortalecimiento Productivo del Núcleo de Desarrollo Endógeno de la comunidad 19 de Abril municipio Angostura del Orinoco estado Bolívar 85

3.4 Marco contextual que orienta el modelo para el fortalecimiento productivo del Núcleo de Desarrollo Endógeno de la comunidad 19 de Abril 87

3.5 Dimensiones del modelo para el fortalecimiento productivo del Núcleo de Desarrollo Endógeno de la comunidad 19 de Abril Municipio Angostura del Orinoco estado Bolívar 88

3.6 Etapas del modelo para el fortalecimiento productivo del Núcleo de Desarrollo Endógeno 19 de Abril 90

3.7 La estructura del modelo para el fortalecimiento productivo agrícola en el Núcleo de Desarrollo Endógeno de la comunidad 19 de abril. 92

CONCLUSIONES 94

RECOMENDACIONES 96

BIBLIOGRAFIAS 98

ANEXOS 105

LISTA DE CUADROS

                                                                          Pág.

Cuadro N 1. Políticas Públicas Agrícolas del estado Bolívar **13**

Cuadro N 2. Nuevo enfoque o paradigma de las políticas Públicas
Agrícola para la transformación productiva **46**

Cuadro N 3. Coordenadas UTM del Núcleo de Desarrollo
Endógeno 19 de Abril **60**

LISTA DE FIGURAS

                                                                          Pág.

Figura 1. Ubicación espacial del Núcleo de Desarrollo Endógeno
19 de Abril Municipio Angostura del Orinoco estado Bolívar   57

Figura 2. Mapa del estado Bolívar   57

Figura 3. Direccionalidad del modelo para el fortalecimiento
productivo del Núcleo de Desarrollo Endógeno 19 de Abril   81

Figura 4. Caracterización del modelo para el fortalecimiento
productivo del Núcleo de Desarrollo Endógeno 19 de Abril   85

Figura 5. Marco contextual del modelo para el fortalecimiento
productivo del Núcleo de Desarrollo Endógeno 19 de Abril   87

Figura 6. Dimensiones del modelo para el fortalecimiento
productivo del Núcleo de Desarrollo Endógeno 19 de Abril   90

Figura 7. Modelo para el fortalecimiento productivo del Núcleo de
Desarrollo Endógeno 19 de Abril   92

LISTA DE GRÁFICOS

                                                                          Pág

Variación porcentual de la producción per cápita en agricultura
vegetal 1998 - 2007   31

Diagrama de la poligonal del Núcleo de Desarrollo Endógeno 19 de
abril   61

AUTORA: MSc Amanda Olivier
TUTOR: Dra. Noris García

RESUMEN

El propósito de la investigación se orienta a ejecutar un modelo para el fortalecimiento productivo del núcleo de desarrollo endógeno 19 de abril: una contribución a las políticas públicas agrícolas del estado Bolívar donde la postura teórica está fundamentada en El Troudi, Monedero, Dussel, De Sousas y Lahera, sobre una nueva matriz epistémica a las políticas públicas agrícolas, que nos muestran el camino a seguir para el fortalecimiento productivo como un proceso cargado de ideas de la confluencias, del diálogo entre saberes donde juegan un rol protagónico trascendental la participación comunitaria, Estado, instituciones y organizaciones, utiliza como método la lógica dialéctica en donde las partes son comprendidas desde el punto de vista del todo y éste, a su vez, se modifica y enriquece con la comprensión de aquéllas, se plante a un modelo para el fortalecimiento productivo participativo e innovativo, de Valles, para la representación de las características y transformar la realidad ya que permite visualizarlos elementos básicos del objeto de estudio y poder presentar las percepciones de los y las actoras respecto a las necesidades de la comunidad. Por ello se recurrió a la entrevista aplicada a los informantes claves que son los trabajadores del NUDE 19 de abril. Los datos muestran la reducción de la producción agrícola en el NUDE 19 de abril, por lo cual fue necesario el diseño de un modelo que contribuya al fortalecimiento productivo del núcleo de desarrollo endógeno 19 de abril una contribución a las políticas públicas agrícolas del estado Bolívar. Concluyendo la importancia de avanzar en la transformación de la producción agrícola venezolana como instrumento liberador con el fin de alcanzar la verdadera independencia productiva

Palabras Claves: Política Pública Agrícola, Proceso Productivo

La gran victoria que hoy parece fácil fue el resultado de pequeñas victorias que pasaron desapercibidas

Paulo Coelho

INTRODUCCION

Las políticas públicas agrícolas en una sociedad capitalista, han estado sujetas a favorecer la agricultura convencional o industrial a través de inversiones limitada para beneficiar a un grupo según la extensión o la cantidad de tierra orientados a favorecer los grandes latifundistas y el monocultivo. En el ámbito que nos ocupa, la agricultura en la cual el hombre interviene a la naturaleza en forma directa, y que constituye además el modo de vida más importante para una gran masa de los habitantes del mundo en desarrollo, cualquier manejo inadecuado de sus recursos de base: la tierra, las aguas y la biodiversidad en general, compromete el destino de esas sociedades.

Para Morales, (2009) Venezuela actualmente vive un proceso de trasformaciones en base a una nueva institucionalidad. Este proceso en cuanto a las políticas públicas agrícolas, se pueden visualizar en dos períodos :el primero a partir de1999 y transcurre hasta el paro petrolero del 2002, caracterizado por altos niveles de importaciones de bienes agroalimentarios, y un segundo periodo del 2003 en adelante cuando el gobierno adopta una serie de medidas enmarcadas en el Plan de desarrollo endógeno Venezuela ha sido objeto en los últimos años de grandes transformaciones en su entorno político, económico y social. El Estado, como entidad política que dirige los destinos colectivos de la sociedad, requiere responder oportunamente al entorno para crear las condiciones necesarias en el desarrollo social de la población (IVEPLAN), 2002

Dándole prioridad a la producción interna, de esta forma, comenzó a fortalecerse la participación del Estado en la economía, y en particular en los procesos de producción, transformación, distribución y consumo de bienes agroalimentarios Por otra parte participación del hombre, en el desarrollo de proyectos y programas destinados a la producción agrícola, ha conllevado a variadas posturas ideológicas, que han generado diferentes conceptualizaciones sobre las políticas públicas agrícolas.

Otro fenómeno que agudiza las condiciones de las ideas antes expuestas es la incapacidad en la gestión de los organismos normativos del gobierno central para controlar la actividad del sector agrícola descentralizado del Estado. Esto se advierte por ejemplo en las vinculaciones que mantienen las poderosas empresas públicas y entes autónomos con los ministerios a cargo del área correspondiente, donde las líneas de autoridad formal establecidas en los organigramas se desdibujan frente a la asimétrica relación de fuerzas existentes entre ambas clases de organizaciones.

Para Da Silva Graciano,(2009) La actividad agrícola en Venezuela ha experimentado un comportamiento atípico en la subregión latinoamericana especialmente durante buena parte del siglo XX y lo que va del XXI, según Montilla(1999) esta condición tiene entre sus causas, la centralización y descontextualización de su planeación, la alta influencia de la renta petrolera que ha venido impactando (distorsionando) la actividad económico, productiva, social y cultural del país, siendo especialmente notable en lo relativo a la actividad agrícola, en tanto que las necesidades alimentarias de la población las ha venido supliendo a través de las importaciones.

Desde luego, todo esto en el contexto de una región latinoamericana en donde salvo pocas excepciones, la gran mayoría de los países tienden a ser autosuficientes en el tema agroalimentario La transformación de la agricultura venezolana no se diferencia con los cambios que se han venido suscitando en el área agrícola en América Latina. Este sector en Venezuela se ha visto ampliamente favorecido por las diferentes políticas públicas agrícolas implementadas por el gobierno, pero aplicadas o formuladas bajo la visión o enfoque del modelo agrícola   convencional provocado la pérdida de las semillas locales, dando como consecuencia la dependencia de las semillas suministradas también por las casas comerciales desde su fundación se han venido desarrollando actividades técnicamente con agro tóxicos.

Según García,(2002) Históricamente, el problema medular del sector se enfoca en los canales de distribución y comercialización de la producción agrícola, el impacto esperado como resultado de las practicas aplicadas son contrarias a lo esperado, convirtiéndose en una actividad secundaria y de baja credibilidad dentro del aparato productivo del país, sin que haya existido una debida articulación por parte de los organismos e instituciones que tienen bajo su responsabilidad del desarrollo agrícola del país.

Este sector presenta un conjunto de problemáticas que van desde las incoherencias internas en los procesos de gestión y planificación además las limitaciones institucionales y la falta de resultados tangibles reflejados en un bajo nivel de competitividad por parte del sector, por lo cual se evidencia que los recursos utilizados y los esfuerzos realizados a través del desarrollo de políticas públicas agrícolas por parte del Estado venezolano no han generado impactos positivos, y a que en algunas áreas y subsectores los parámetros de eficiencia, eficacia y productividad no fueron los mejores. El agotamiento de las políticas públicas agrícolas conduce a un importante cambio en la orientación de la intervención del Estado en el sector agroalimentario. Si adicionalmente a ello se le agrega que, en Venezuela, las élites políticas y económicas han doblegado la voluntad popular por obtener un mayor y equitativo acceso a la tierra en diversos episodios del siglo XIX y XX (López2015), tendríamos un cuadro que explica en parte la baja producción agroalimentaria de Venezuela.

Ciertamente, la influencia del rentismo petrolero es la de mayor importancia, toda vez que son poco más de ochenta años, a la fecha, de políticas públicas agrícolas traspasadas por la tentación de la importación de bienes agrícolas y de influencia de las transnacionales del sector en este negocio.

Es de hacer notar, como bien lo atestiguan varios autores, que las políticas públicas agrícolas han fluctuado asimismo en función de la subida o bajada de los precios del petróleo, y de los criterios técnicos de los distintos ejecutivos de la cartera agrícola nacional, Abreu *et al.* (1993), Gómez Álvarez (1996).

Cabe destacar que, a raíz de las diferentes políticas públicas agrícolas aplicadas en la búsqueda de la modernización del sector rural venezolano, han reforzado la presencia y acción de instituciones públicas del Estado, vinculadas al desarrollo rural, tales como el Fondo de Desarrollo Agrícola Socialista, (FONDAS) el Instituto Nacional de Desarrollo Rural, (INDER) el Instituto de Salud Agrícola (INSAI)

Puesto se han multiplicado sus unidades operativas y han sido numerosos los programas y otras iniciativas de generación y difusión de tecnologías que se han acometidos a través del tiempo, favorecido las organizaciones gremiales, dejando a un lado las clasistas agrupaciones y organizaciones campesinas, desarrollando inversiones en infraestructuras para la producción y otras unidades físicas, que no obstante la eficiencia en su utilización deja mucho que desear.

Como complemento cabe destacar que a nivel del estado Bolívar se han subsistido otros escenarios parecidos donde se han iniciado proyectos que han sido políticas públicas agrícolas establecidas por el Estado para fortalecer el sector productivo agrícola

Cuadro N 1: Políticas Públicas Agrícolas del estado Bolívar

Política Pública Agrícola	Ubicación	Años
Planta procesadora de yuca	Municipio Sucre	2006
Planta procesadora de soya y oleaginosas	Municipio Angostura del Orinoco	2008
Polo de desarrollo agrícola San Roque	Municipio Angostura del Orinoco	2008
Planta procesadora de alimento concentrado	Municipio Angostura del Orinoco	2015
Núcleo de Desarrollo Endógeno Peñón de los perros	Municipio Angostura del Orinoco	2004
Núcleo de Desarrollo Endógeno Lomas del merey	Municipio Caroní	2006

Fuente: Elaboración propia 2019

Proyectos de desarrollo agrícolas los cuales no se materializados, solo han sido objeto de implementación de modelos anteriores como el de la revolución verde, nada exitosos, pues estos planes de desarrollo agrícola generaron afectación a nivel ambiental, perdidas de inversiones en infraestructuras y adquisición de equipos y maquinarias, deficiencia inversión en investigación y educación rural, evidenciándose la inconsistencia y la descontextualización de cómo se concibe el desarrollo rural integral.

Según Mendoza, (2011) En Venezuela las políticas públicas agrícolas han estado orientadas en la aplicación de elementos agrícolas tales como insumos, maquinarias, equipos e implementos de trabajo de campo, con gran apego al patrón tecnológico modernizante, de origen foráneo adaptado acondiciones climáticas diferentes a las tropicales, así como también en aumentarlas superficies de siembra sin considerar elementos de carácter conservacionista.

Donde una de las principales, consecuencia se manifiesta en la separación de los productores agrícolas en diferentes grupos de acuerdo al acceso que pudieran tener a estas tecnologías, otro elemento a resaltar es el hecho de las nuevas generaciones desvinculadas de las formas tradicionales de producción, porque solo conocen las modernizantes, lo cual con el tiempo se ha transformado en convencional.

Por otro lado, el modelo de modernización en la agricultura también significó un aumento en las exigencias de la producción agrícola tradicional, la cual debía promover el abastecimiento interno de alimentos y la provisión de materias primas agropecuarias para la industria, por no tener una infraestructura industrial para procesar las materias primas provenientes del sector agrícola, esto también se evidencio en el sector de la producción animal con los recursos alimentarios autóctonos.

Situación que generó una dependencia de las importaciones de la materia prima, lo que contribuyó a incrementar el déficit de la balanza agrícola, se abandonaron rubros tradicionalmente utilizados que fueron sustituidos por las importaciones influenciado por el creciente ingreso petrolero, reflejado en un incremento de la importación de productos agrícolas terminado.

Desde 1950 hasta 2012, Venezuela a sufridos cambios significativamente, pasando de ser un país fundamentalmente agrícola y una sociedad rural que representaba el 58% de los apenas 5millones de habitantes, a una nación predominantemente urbana y petrolera de 30 millones de personas, con una agricultura disminuida en su importancia relativa que pasó de 2.577m^2 cosechados por habitantes según Montilla (2009), a pesar que de logros importantes como el desarrollo de investigaciones que lograron cultivares y referenciales tecnológicos que mejoraban la productividad agrícola y flujos financieros al sector agrícola que no se correlacionaban positivamente con el incremento de la producción agrícola nacional.

Para1998, se asume como un compromiso de transformación de la agricultura y de su importancia estratégica para el desarrollo integral del país. Iniciándose, un periodo de grandes contradicciones en cuanto al modelo de agricultura y de agro industrialización, detectándose los desequilibrios en el modelo agrícola nacional obligando a replantear los procesos sociales en la agricultura lográndose grandes avances en la lucha contra el latifundio, y en la entrega de espacios a nuevos sectores sociales, diversificándose la organización social.

Sin embargo, la recuperación de la agricultura no satisface las premisas de producción y productividad más que en algunos rubros, como maíz y arroz. Estos planes de desarrollo agrícola generaron modificaciones que afectaron al sector agrícola, pasando de una política pública agrícola de protección a la agricultura y a la agroindustria, que incluía subsidios para los fertilizantes, suministro gratuito de agua de riego, tasas de interés preferencia él para el financiamiento agrícola a una política de apertura comercial que incluye el desmontaje de las medidas restrictivas al comercio y la liberación de algunos rubros que estaban monopolizados por el Estado como el café y el cacao, todo esto ocasionó un fuerte desajuste en la agricultura nacional que se tradujo en la disminución de algunos rubros y en el incremento de las importaciones agroalimentarias entre otros.

Con la Constitución de1999, se generan nuevos ámbitos institucionales que propenden al diseño de políticas agrícolas que abren espacios al pensamiento agroecológico. Actualmente, la agroecología tiene potentes formas académicas e institucionales y es ampliamente aceptada por los movimientos sociales urbanos y rurales; no obstante, las tensiones con el fantasma del rentismo petrolero y las nociones de progreso científico de base mecanicista aún son manifiestas en las políticas públicas del modelo agroalimentario nacional, lo cual significa un reto todavía vivo para los grupos que luchan por una agricultura sustentable.

Es también relevante mencionar que a partir del año1999, se contempla un nuevo andamiaje institucional, diseñando políticas públicas agrícolas, que rompieran con la ineficiencia e ineficacia del aparato del Estado, en lo relativo a la economía en la introducción del plan se propone un cambio estructural de una economía rentista a otra de tipo productivo, y es el impulso de la agricultura uno de los factores a considerar. Pero a pesar de todo ese andamiaje de cambios a fin de apoyar el sector agrícola se visualiza una situación de decrecimiento de la producción agrícola vegetal.

La afirmación anterior la autora deduce que ha sido consecuencia de una debilidad en el proceso de planeación de proyectos productivos agrícola, acompañado de una visión netamente piramidal, centralizada, equivoca, vertical y descontextualizada de la direccionalidad de los diferentes planes y programas agrícolas, por los organismos e instituciones del Estado responsables de darle cumplimiento, una desorientación de las políticas públicas agrícolas que son dirigidas por responsables de instituciones del Estado que arrastran deficiencias gubernamentales y en general una baja capacidad de constitución de las políticas públicas agrícolas.

Para profundizar más sobre el problema científico la autora como pre diagnóstico intencionalmente se entrevistó de manera informal con responsables de instituciones que administran actualmente las políticas públicas agrícolas en instituciones del Estado, arrogando como resultado que desconocen de elementos de concepción ideológica del objeto de estudio en cuestión, así como de antecedentes sobre los proyectos y programas de desarrollo agrícola que han sido lineamientos del Estado en materia de políticas públicas agrícolas a nivel nacional en los últimos años.

Concretamente se pudo evidenciar debilidad en cuanto al desconocimiento de información sobre la creación del núcleo de desarrollo endógeno 19 de abril, su objeto de establecimiento en esa comunidad, a que obedecía su implementación y además lo que representaba ese Núcleo de desarrollo endógeno, desarticulación y la falta de complementariedad de información y registros de datos por parte de las instituciones del Estado que han tenido bajo su responsabilidad la gestión de ese proyecto de desarrollo agrícola, cual fue la iniciativa de establecer un proyecto de producción agrícola conformado bajo la estructura de un Núcleo de Desarrollo Endógeno en la comunidad 19 de abril.

Como parte de la realización diagnostica, este Núcleo de Desarrollo Endógeno se estableció en la comunidad rural de 19 de abril se inició en año 2004 a través de un programa de formación coordinado a través del instituto de Cooperación Educativa Socialista antiguo INCE y el Ministerio del Poder Popular para la Economía Popular (MINEP), se inició con un curso de productor agrícola integral, posteriormente se creó una cooperativa de producción agrícola de manera conjunta con la misión vuelvan caras, contando con una población de trece (13) personas, siete (7) mujeres y seis (6) hombres, que al mismo tiempo es la muestra poblacional de la investigación.

En definitiva, las políticas públicas agrícolas actuales no han logrado incrementar la disponibilidad de alimento que satisfaga el acceso y mejore las reservas alimentarias del país ante una posible contingencia de orden político y ambiental. A pesar del esfuerzo, es necesario en este contexto repensar la concepción, la razón o la idea de configuran las políticas públicas de desarrollo agrícola con el fin de navegar con éxito por las agitadas aguas de la transformación de la producción agrícola venezolana.

Por lo antes expuesto esta investigación plantea como **problema científico:** ¿Cómo contribuir al fortalecimiento productivo en el Núcleo de Desarrollo Endógeno en la comunidad rural 19 de abril parroquia José Antonio Páez estado Bolívar?

Por consiguiente y dándole cumplimento al objetivo general del programa de Doctorado en Ciencias para el Desarrollo Estratégico de orientar y propiciar el desarrollo de investigación multiétnico y pluricultural, contenidos transversales presentes en la Constitución de la República Bolivariana de Venezuela y en los Planes Estratégicos de Desarrollo de la Nación, que le dan soporte al Proyecto Nacional Simón Bolívar partiendo de la imperiosa necesidad de generar proyectos   productivos estratégicos que respondan a intereses colectivos y ayude a transformar la realidad social y política del país

Sobre las bases de las ideas expuestas anteriormente y en función de las reflexiones, señalamientos y problemáticas planteadas, se tiene como **Objeto de estudio: Las Políticas Públicas Agrícolas** y **campo de acción: El fortalecimiento productivo en el Núcleo de Desarrollo Endógeno de la comunidad rural de la comunidad 19 de abril,** ya que durante siete años aproximadamente se han venido desarrollando proyectos y trabajos de formación y capacitación agrícola en este núcleo de desarrollo endógeno logrado identificar la descontextualizado de la aplicación de los diversos programa de desarrollo rural que se han establecido en el NUDE planteándose como Objetivo: Proponer un modelo para el fortalecimiento productivo del   núcleo de desarrollo endógeno de la comunidad 19 de abril: una contribución a las políticas públicas agrícolas del estado Bolívar

Para el guiar la solución del problema se plantearon las siguientes **Preguntas científicas:**

- ¿Cómo ha sido el desarrollo histórico de las políticas públicas agrícolas en el contexto latinoamericano y venezolano?
- ¿Cuáles son las teóricas que han direccionado el desarrollo de las políticas públicas agrícolas en Venezuela?
- ¿Cuáles es el estado actual de la producción agrícola del Núcleo de desarrollo endógeno de la comunidad rural de19deAbril estado Bolívar?
- ¿Cómo se configura el modelo de fortalecimiento productivo en el Núcleo de desarrollo endógeno de la comunidad de 19 abril municipio Angostura del Orinoco estado Bolívar?

- ¿Qué resultados se obtiene de la valoración del modelo para el fortalecimiento productivo en el Núcleo de desarrollo endógeno de la comunidad 19 de abril Municipio Angostura del Orinoco estado Bolívar?

La concreción de las preguntas científicas, permitirá proponer un modelo para el fortalecimiento productivo del núcleo de desarrollo endógeno de la comunidad 19 de abril. una contribución a las políticas públicas agrícolas del estado Bolívar, que desde su esquema o estructura se configura partiendo de la realidad del Núcleo de desarrollo endógeno, con la participación del poder popular, lo cual garantiza la aceptación por parte de las organizaciones socio productiva que conforman el NUDE y la comunidad para que surjan desde estas instancias y contribuyan a la transformación de la realidad diagnosticada y por ende al incremento de la producción agrícola en el estado, fundamentado en las potencialidades que presenta la bioregión.

La realización de la propuesta se encuentra fundamentada en la necesidad que existe en el Núcleo de desarrollo endógeno, de mejorar la producción agrícola que contribuya a abastecer las necesidades del mercado local y regional y esté acorde a la realidad que viven los trabajadores del núcleo de desarrollo endógeno donde la participación del Poder Popular se constituya en un factor clave para el empoderamiento del sector productivo agrícola, promoviendo la autogestión y permitiendo el desarrollo del poder popular, el cual da paso a la participación comunitaria junto al poder público, para el impulsar la producción agrícola desde lo local.

Para dar respuesta las interrogantes se establecieron las **siguientes tareas de investigación:**

1. Revisión histórica del desarrollo de las políticas públicas agrícola en el contexto latinoamericano y venezolano

2. Análisis teórico y técnico productivo en los que se han basado las políticas públicas agrícolas en Venezuela.

3. Caracterización de las políticas públicas agrícolas en el Núcleo de Desarrollo Endógeno de la comunidad rural 19 de abril Municipio Angostura del Orinoco, Estado Bolívar.

4. Diseño del modelo para el fortalecimiento productivo en el Núcleo de desarrollo endógeno de la comunidad rural 19 de abril Municipio Angostura del Orinoco, Estado Bolívar

5. Valoración del modelo para el fortalecimiento productivo en el núcleo de desarrollo endógeno de la comunidad 19 de abril por el criterio de especialistas y la aproximación a los resultados de la aplicación en la práctica.

Como método general de la investigación se asumió el dialectico materialista como concepción filosófica que busca la transformación de las estructuras de las relaciones sociales a   través del conocer y comprender la realidad desde la praxis para generar un proceso transformador y emancipador, contribuyendo a una nueva visión de las políticas públicas agrícolas para el fortalecimiento productivo para las comunidades rurales a través de sus proyectos y programas.

Con el objetivo de articular los ámbitos de planificación agrícola, complementariedad e institucionalidad, con la tendencia de la reorientación y del mejoramiento de las tomas de decisiones adecuados a las realidades de los diferentes sistemas agroalimentarios comunitarios, en las relaciones de intercambio entre agentes económicos del sistema, adecuación de la producción en el ámbito agroecológico y socioeconómicos del país. Este abordaje metodológico se convierte en una vía para considerar objetivamente las fortalezas y necesidades que presenta el fenómeno en su contexto y llegar a nuevas ideas que contribuyan a su transformación. Se considera que, con la visión metodológica planteada, se tenga previsto lograr una nueva orientación para el desarrollo de las políticas públicas agrícolas a nivel del estado Bolívar en sus proyectos y programas y por ende se contribuya a la transformación de la agricultura venezolana y se alcance el desarrollo rural integral como lo establece la constitución de la República Bolivariana de Venezuela en su artículo 305

Todo lo anteriormente considerado viene a establecer un armónico conjunto de indicadores de crecimiento y bienestar, que se reflejen en el mejoramiento de los aspectos sociales, económicos y ecológicos de dicho proceso y la transformación de la realidad social del medio rural que requiere el estado venezolano con un carácter participativo real de las organizaciones de los productores y con establecimiento de conexiones necesarias con otros componentes de .la sociedad.

En cuanto a los métodos teóricos esta investigación plantea usar el analítico sintético, para buscar y analizar los elementos componentes de la realidad estudiada, el deductivo e inductivo facilitó el estudio de los elementos teóricos y técnicos productivos para deducir la necesidad de un modelo para el fortalecimiento productivo el Núcleo den desarrollo endógeno de la comunidad 19 de abril como una contribución a las políticas públicas agrícolas del estado Bolívar.

El histórico lógico el cual se empleó para analizar antecedentes de las políticas públicas agrícolas en el curso de su historia hasta la actualidad en el contexto latinoamericano y venezolano en particular, y el dialéctico materialista por medio de la cual se logró indagar la realidad de las políticas públicas agrícolas en el núcleo, que posteriormente se contrastó con los fundamentos teóricos existentes sobre las políticas públicas agrícola a través del método de la triangulación y el método de la modelación el cual permitirá crear abstracciones y concretar la estructura, contenidos y funcionamiento del modelo de fortalecimiento productivo del Núcleo de Desarrollo Endógeno de la comunidad 19 de abril.

Como método empíricos se contó con la observación participante, la investigación de campo y la documental, ya que la información recopilada sobre las políticas públicas agrícolas en el Núcleo de desarrollo endógeno de la comunidad 19 de abril fue obtenida directamente de fuentes vivas que hacen vida en él, así como el apoyo de fuentes documentales existentes relacionadas con el objeto de estudio, la consulta a especialistas en el área de las políticas públicas agrícolas ,la entrevista estructurada y la consulta en la web, las técnicas e instrumentos se tienen la guía de observación, informantes claves como los actores sociales, que se utilizaron para valorar los criterios emitidos por los especialistas del área de políticas públicas agrícolas desde los diferentes estratos de la propuesta presentada y sus posibilidades de desarrollo de un modelo fortalecimiento productivo al núcleo de desarrollo de la comunidad 19 de abril una contribución a las políticas públicas agrícolas, en este contexto, los que fueron considerados en las exploraciones realizadas y el proceso de valoración.

Estando consciente que no solo es un reacomodo de las políticas públicas agrícolas donde solo se considera heterogeneidad tipológica de los productores, esta investigación resalta dentro la novedad científica la orientación filosófica para el desempeño del modelo para el fortalecimiento productivo agrícola en el Núcleo de Desarrollo endógeno 19 de Abril, planteando la aplicabilidad permanente de la participación popular y el reconocimiento estructural en la toma de decisiones desde su realidad productiva local endógena y la formación continua para el aprovechamiento sustentable de los recursos naturales y la creación de ciertas condiciones para la eficiente producción agrícola, para su manejo correcto que se traducen en potencialidades para su transformación económica y ejemplo de desarrollo de las políticas públicas agrícola.

novedad científica también precisa en el establecimiento de las relaciones de corresponsabilidad y coherencia que articulen los principios y fundamentos que caracterizan el fortalecimiento productivo en el núcleo de desarrollo endógeno y que se correspondan con la realidad en el sector agrícola y rural de las diferentes comunidades donde se contribuyan a transmutar la realidad y fortalecer las diferentes áreas del sector agrícola y por ende la transformación del sector rural y alcanzar un verdadero desarrollo rural.

Así contribuir a generar estrategias de reflexivos cambios éticos, políticos sociales e ideológicos a la orientación que deben llevar los proyectos y programas agrícolas en sus diversas dimensiones, para que la agricultura y el desarrollo rural adquieran un nuevo estatus, a partir de normas constitucionales que otorgan elevada prioridad al desarrollo agrícola sostenible y fuertemente protegido, con énfasis en el autoabastecimiento. Una nueva orientación que implique un retorno a la intervención directa del Estado como agente económico, el apoyo a los nuevos productores surgidos del proceso redistributivo agrario y la acentuación del desarrollo endógeno local.

Es la primera vez que se plantea un modelo para el fortalecimiento productivo agrícola en el NUDE19 de abril, donde la participación clave es el Poder Popular, buscando la descentralización y transferencia de las competencias en materia de políticas públicas agrícola al ente popular siendo una propuesta novedosa incluso para otros Núcleos de Desarrollo Endógeno y polos de desarrollo agrícola establecidos en el estado Bolívar y que igual que el de 19 de abril, no alcanzaron sus objetivos

Desde la perspectiva de los aportes metodológicos el modelo propuesto se constituye un procedimiento que, cubierto en todas sus dimensiones, permite el fortalecimiento productivo agrícola en el Núcleo de Desarrollo Endógeno 19 de Abril, El modelo también es valorado como un aporte teórico, por cuanto se logra construir una nueva conceptualización dentro de los enfoques de manejo de las políticas públicas agrícolas, ahora orientado hacia su accionar desde la realidad de las comunidades agrícolas y ajustada al sistema de producción agroecológica, convirtiendo el trabajo de investigación en una importante contribución a las bases epistemológicas de las políticas públicas agrícolas

El paradigma asumido para el desarrollo del trabajo investigativo fue el dialéctico materialista apoyado en los métodos de análisis y síntesis. Se analizaron los elementos componentes de las políticas públicas agrícolas, procurando descubrir las relaciones existentes entre estos y las ideas, buscando la síntesis de los conocimientos, la correlación entre lo lógico y lo histórico y el análisis del problema comenzó por el estudio de los elementos más simples del fenómeno para ir desenmarañando luego sus interrelaciones y sus aspectos más complejos, de lo abstracto a lo concreto y de lo general a lo particular.

El enfoque investigativo empleado en la investigación fue el cualitativo, a partir del cual se logró captar la realidad social productiva del Núcleo de Desarrollo Endógeno de la comunidad 19 de abril, a través de la percepción de los involucrados y su contrastación con los fundamentos teóricos existentes sobre las políticas públicas agrícolas El tipo de investigación utilizado para el desarrollo de la investigación fue proyectiva, buscando proponer soluciones en cuanto al fortalecimiento productivo agrícola de núcleo de desarrollo endógeno y al problema de las políticas públicas agrícolas a partir de un proceso previo de indagación, que implicó la exploración, descripción, explicación y proposición de alternativas; lo que se logró a partir de un diseño de investigación mixto, es decir, de campo y documental, por cuanto la información recopilada en relación al fortalecimiento productivo agrícola y las políticas públicas del nude19 de abril se obtuvo de fuentes vivas y directas del contexto agrícola de estado Bolívar y de fuentes documentales referidas a la temática estudiada.

Las técnicas empleadas en el proceso investigativo fueron la observación participante involucrándose directamente el autor en la dinámica del Núcleo de desarrollo endogeno19 de abril. En segundo lugar, la revisión documental y su análisis crítico, para la identificación del estado del arte en relación a la política pública agrícola. En tercer lugar, se revisaron documentos de instituciones públicas del Estado venezolano asociados a las políticas públicas agrícolas, planes y proyectos de desarrollo rural, en cuarto lugar se aplicaron y procesaron encuestas cerradas a funcionarios de los principales entes responsables de la ejecución de las políticas públicas agrícolas en el estado Bolívar, como la dirección de desarrollo agrícola de la Gobernación del estado Bolívar, el Ministerio del Poder Popular para la producción agrícola y tierra, la fundación para la capacitación e innovación de desarrollo agrícola el instituto nacional de desarrollo rural, formalmente establecidos en el municipio Angostura del Orinoco. Por último, se procedió a diseñar el modelo para el fortalecimiento productivo agrícola en el Núcleo de Desarrollo Endógeno 19 de abril, una contribución a las políticas pública agrícola en el estado Bolívar, definiendo sus principios, líneas de acción, dimensiones y condiciones específicas para su aplicabilidad.

Los instrumentos utilizados se correspondieron con cada una de las técnicas de investigación seleccionadas desarrollando la observación participante a través de registros principales de la realidad social, física y natural del Núcleo de Desarrollo Endógeno 19 de Abril, la entrevista a través de un cuestionario de preguntas cerradas, y la revisión documental a través de una consideración de categorías que caracteriza los elementos fundamentales de las políticas públicas agrícolas. El trabajo de investigación se estructuró en capítulos, cada uno estratégico para el logro del objetivo general establecido. Los mismos se presentan organizados así:

Un primer capítulo de fundamentos teóricos que sustentan el modelo de fortalecimiento productivo agrícola en el nude19 de abril, en el que se desarrollan los antecedentes sobre las políticas públicas agrícolas, sus concepciones teóricas, legales y productivas; así como las categorías, a la seguridad alimentaria, a la participación, la corresponsabilidad y el desarrollo endógeno. En el segundo capítulo, a partir de los datos arrojados por los instrumentos y técnicas de recolección de información empleados, se muestran las características socio productivas agrícolas y actuales de las políticas públicas agrícolas en el NUDE 19 de Abril, las acciones del estado, la participación de los miembros dela cooperativa en el ámbito productivo del Núcleo de Desarrollo Endógeno 19 de Abril, las condiciones de la administración y organización asociados a las política publicas agrícolas y otros factores de carácter productivo

En el tercer capítulo, se plantea el modelo para el fortalecimiento productivo agrícola en el Núcleo de Desarrollo Endógeno 19 de abril: Una contribución las políticas públicas agrícola del estado Bolívar, presentando sus principios, líneas de acción, dimensiones y aspectos básicos para su aplicabilidad eficiente. El desarrollo de los capítulos devela la ineficiencia y deficiencia en cuanto a la aplicación de las políticas públicas agrícola en los diversos proyectos y programa para el desarrollo agrícola y transformación de ámbito rural, la inexistencia de articulación corresponsable entre actores vinculados a las políticas públicas agrícolas, la visión segmentada y descontextualizadas del problema de las política pública agrícolas, un esquema económico de producción agrícola convencional; en tal sentido se elabora un modelo desde un enfoque agroecológico que garantice seguridad alimentaria y una verdadera transformación del sector agrícola con la incorporación del Poder Popular en el trabajo corresponsable del manejo de las políticas públicas agrícolas

La temática investigativa presenta importantes aportes en la materia agrícola y productiva y se desarrolla desde la visión cooperada de la organización de base del Poder Popular y las autoridades con pertinencia y corresponsabilidad en cuanto a las políticas públicas agrícolas estadales, como actores claves en la ejecución del modelo. El principal reto que se asume con el modelo es de un nuevo liderazgo cultura y participativo para cambiar la visión de un enfoque convencional de la producción agrícola y una política pública agrícola coherente que responda a darle un impulso desarrollo agrícola del país, se requiere voluntad, sensibilización, compromiso, corresponsabilidad, organización y cooperación entre actores. Las conclusiones de la investigación arrojan un modelo sistematizado en principios, líneas de acción y dimensiones de nuevos elementos y preceptos para el fortalecimiento agrícola que contribuyen con el sistema económico productivo agrícola comunal y el desarrollo endógeno sustentable de las comunidades rurales del estado Bolívar.

CAPITULO I: CONTEXTUALIZACION DE LAS POLITICAS PÚBLICAS AGRICOLAS A NIVEL LATINOAMERICANO Y VENEZOLANO

CAPITULO I: CONTEXTUALIZACION DE LAS POLITICAS PÚBLICAS AGRICOLAS A NIVEL LATINOAMERICANO Y VENEZOLANO

En este capítulo se presentan los fundamentos teóricos y metodológicos que sustentaron el modelo propuesto para el fortalecimiento productivo agrícola del núcleo de desarrollo endógeno 19 de abril. Se inicia con los referentes del tema con el objetivo de explorar cómo han ido evolucionando las formas de como sean establecido las políticas públicas agrícolas. Luego se analizan las concepciones teóricas y los lineamientos bajo las cuales se han aplicados las políticas públicas agrícolas y por último se presentan las categorías a considerar para un modelo que permitirán definir las dimensiones a desarrollar para el establecimiento de un modelo que ayude al fortalecimiento productivo agrícola del núcleo de desarrollo endogeno19 de abril como una contribución a las políticas públicas agrícolas del estado Bolívar.

1.1 Antecedentes sobre las políticas públicas agrícolas

Las políticas públicas tienen que ver con el poder social, relativo al poder en general, las políticas públicas corresponden a soluciones específicas de cómo manejar los asuntos públicos. Las políticas públicas son un factor común de la política y de las decisiones del gobierno y de la oposición. Así, la política puede ser analizada como la búsqueda de establecer políticas públicas sobre determinados temas, o de influir en ellas. A su vez, parte fundamental del que hacer del gobierno se refiere al diseño, gestión, planificación y evaluación de las políticas públicas

Para Lahera, (2008) Una política pública de excelencia corresponde a aquellos cursos de acción y flujos de información relacionados con un objetivo político definido en forma democrática; los que son desarrollados por el sector público y, frecuentemente, con la participación de la comunidad y el sector privado. Una política pública de calidad incluirá orientaciones o contenidos, instrumentos o mecanismos, modificaciones institucionales y la previsión de sus resultados.

Como indagación histórica de las políticas públicas agrícolas, después de la segunda guerra mundial, para los países del tercer mundo, el establecimiento de las Políticas Públicas agrícolas en los países de Latinoamérica, particularmente en Venezuela, se generó la necesidad de disponer de un sistema de transferencia tecnológica agrícola, como una estrategia de ordenamiento institucional; organización de productores no tan solo como una vía de expresión gremial sino como una vía de creación de grupos de poder político económico; organizaciones de actividades privadas de investigación para ampliar el espacio de captación de los excedentes a través de sus propias estructuras de investigaciones agrícolas, Mendoza,(2000)

El Troudi, (2010) Las políticas públicas agrícolas en el contexto latinoamericano han estado orientadas en la aplicación de elementos agrícolas tales como insumos, maquinarias, equipos e implementos de trabajo de campo, con gran apego al patrón tecnológico modernizante, de origen foráneo adaptado a condiciones climáticas diferentes a las tropicales lo que se denominó la revolución verde. Una consecuencia manifiesta es la separación de los productores agrícolas en diferentes grupos de acuerdo al acceso que pudieran tener a estas tecnologías, otro elemento a resaltar es el hecho de las nuevas generaciones desvinculadas de las formas tradicionales de producción, porque solo conocen las modernizantes.

Carvallo, (1996) Venezuela, territorio que durante la época precolombina desarrollo una agricultura de subsistencia con cultivos como el maíz, café, cacao, yuca, ocumo, batata, caña de azúcar, entre otros; mantuvo durante la conquista su agricultura tradicional, pese a la introducción de la ganadería desde Europa y Asia. Durante el siglo XIX y a principios del XX, renació la producción agrícola gracias al cultivo masivo de café y cacao; pero a finales de la década de los veinte con la aparición del petróleo, esta actividad económica se vio afectada, lo que genero la migración de la mano de obra campesina a las ciudades y campos petroleros, agravando aún más los problemas de concentración latifundista.

La gran crisis de 1929, que provocó la caída de los precios en las exportaciones agrícolas tradicionales, trajo como consecuencia la ruina de los productores agrícolas. En la década del cuarenta, hubo algunos intentos por incentivar la producción a través de la promulgación de leyes de Reforma Agraria en los años 1945 y 1948, pero ambos gobiernos, el de Isaías Medina Angarita y Rómulo Gallegos, para el año 1960 se impulsa la Reforma Agraria en el país, proceso que fracasa debido al latifundio, al desconocimiento de las nuevas tecnologías y a la migración de mano de obra a las ciudades; a pesar de la creación de asentamientos campesinos y a la inversión del dinero de Estado con énfasis en el desarrollo agroindustrial, sin verdaderas políticas públicas agrícolas, lo que mantuvo una injusta distribución de la tierra y de los financiamientos agrícolas.

Las políticas públicas agrícolas se expresaron en Venezuela en los denominados Planes Nacionales, en los mismos se establecía la planificación de los programas y políticas que se desarrollarían durante los cuatro años que duraban los periodos de mandato constitucional, así se hicieron el Primer Plan (1960-1964), Segundo Plan (1963-1966),Tercer Plan (1965-1968), Cuarto Plan (1970,1974), Quinto Plan (1976,1980), Sexto Plan (1981-1985), en materia agrícola cabe resaltar el denominado "Plan de Desarrollo Agrícola a Largo Plazo", incluido en el Sexto Plan, por haber sido según Herrera (2003) uno de los primeros esfuerzos de concertación colectiva de planificación agrícola a largo plazo, que estaba planteado como un instrumento vinculado al proceso de planificación agrícola nacional.

Según Hernández, (2009) otro elemento resaltante dentro del papel de las políticas públicas para el sector agrícola es la asignación en la práctica de un papel secundario a la producción agrícola nacional al no promover el consumo de productos autóctonos lo que motivó el sesgo anti exportador agrícola, no favoreciendo la integración agrícola-industrial y creando una separación ficticia entre ambos sectores.

Aun cuando se incrementaron los financiamientos agrícolas, la adjudicación de tierras, así como los recursos asignados para la infraestructura agrícola, insumos y maquinarias. Cabe resaltar que a pesar de los elementos de carácter negativo también se evidencian aspectos positivos como el mejoramiento de las condiciones sanitarias para el campo a través de la creación de una red de salud antimalárica, de organismos especializados para a tender al sector agrícola y una capacitación masiva de técnicos agropecuarios, que dieron lugar a la modernización de la agricultura venezolana.

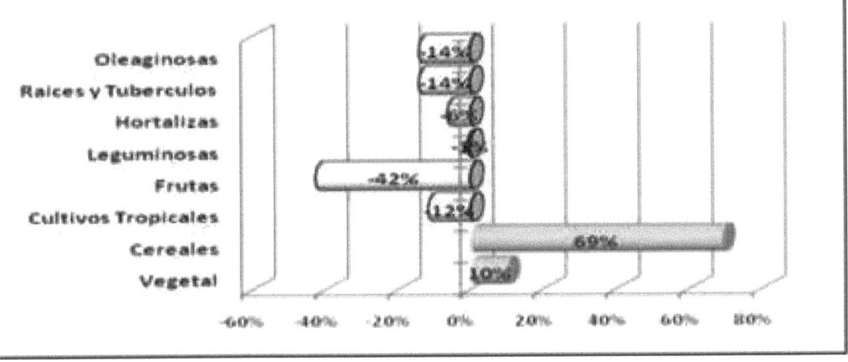

Fuente: MAT citato por Hernández (2009).

La situación de crecimiento de la producción agrícola vegetal en es el lapso de tiempo, se podría inferir que ha sido consecuencia de una debilidad en el proceso de gestión de plan, acompañado de una visión equivoca de la direccionalidad del plan, por los organismos e instituciones del Estado responsables de darle cumplimiento, en el análisis que hace Hernández, (2009) establece como uno de los problemas en la orientación de las políticas públicas agrícolas son llevadas a cabo por instituciones del Estado que arrastran deficiencias gubernamentales y en general una baja capacidad de gestión.

Mendoza,(2004) En Venezuela las políticas públicas agrícolas han estado orientadas en la aplicación de elementos agrícolas tales como insumos, maquinarias, equipos e implementos de trabajo de campo, con gran apego al patrón tecnológico modernizante, de origen foráneo adaptado a condiciones climáticas diferentes a las tropicales así como también en aumentarlas superficies de siembra sin considerar elementos de carácter conservacionista y los recursos naturales, donde una de las principales consecuencia se manifiesta en las separación de los productores agrícolas en diferentes grupos de acuerdo al acceso que pudieran tener a estas tecnologías, y la conformación de organizaciones gremiales. Otro elemento a resaltar es el hecho de las nuevas generaciones e instituciones con visiones totalmente desvinculadas y desorientadas de las formas tradicionales y campesinas de producción, porque solo conocen las modernizantes o cual con el tiempo se ha transformado en agricultura convencional.

García, (2002) establece que el modelo de modernización en la agricultura también significó un aumento en las exigencias de la producción agrícola tradicional, la cual debía promover el abastecimiento interno de alimentos y la provisión de materias primas agropecuarias para la industria, por no tener una infraestructura industrial para procesar las materias primas provenientes del sector agrícola.

Por otra parte, esto también se evidencio en el sector de la producción animal con los recursos alimentarios autóctonos, se generó una dependencia de las importaciones de la materia prima, lo que contribuyó a incrementar el déficit de la balanza agrícola. Se abandonaron rubros tradicionalmente utilizados que fueron sustituidos por las importaciones influenciadas por el creciente ingreso petrolero, reflejado en un incremento de la importación de productos agrícolas terminados.

1.2 Características de las Políticas Públicas Agrícolas en Venezuela aplicaciones y establecimientos

En cuanto al ámbito del sector agrícola Lanz, (2003) proponer, desarrollar y consolidar nuevas Políticas Públicas Agrícolas que correspondan a nuevos paradigmas de socio productivos con pertinencia a lo psicoecológico y culturales ambientales, es necesario cambios en las relaciones de producción, las cuales están marcadas sobre el desarrollo capitalista de la formación social venezolana, en consecuencias estas nuevas relaciones no pueden ser entendidas aisladamente, sin considerar principalmente a los diferentes agentes o actores sociales, elementos claves en la planificación de las políticas públicas agrícola, es necesario poder evidenciar las condiciones de territorialidad de vocación productiva y otros elementos de carácter productivo en el desarrollo del proceso de la conformación de la políticas públicas agrícolas. Es decir, considerar niveles y características de los grupos sociales que buscan una nueva convergencia sobre la dominación del modelo agroindustrial.

Según Sen (1998), Desde un punto de vista analítico pueden distinguirse cuatro etapas en las políticas públicas y en cada uno existe una relación con la política: origen, diseño, gestión y evaluación de las políticas públicas. La articulación de la política y las políticas públicas puede ser mejorada en cada una de las etapas analíticas de estas últimas. Tal perfeccionamiento puede considerarse parte de   la modernización del sistema político.

La realidad agroalimentaria actual de Venezuela continúa teniendo una fuerte cultura generada por la renta del petróleo que se desarrollase durante el siglo XX, tanto en las políticas públicas como en los espacios de formación e investigación en los temas del agro y la alimentación. Sin embargo, tras una emergencia gradual del desarrollo agrícola surge el pensamiento agroecológico a finales del siglo XX, en buscas de las conquistas en las esferas normativas e institucionales que se han dado en el país en las últimas dos décadas constituyen una fortaleza para los movimientos sociales urbanos y campesinos, en tanto han permitido presencia en las administraciones para impulsar políticas públicas agrícolas que favorezcan la sustentabilidad rural, como un eslabón importante en la construcción del nuevo pensamiento hegemónico (agroecológico) en los términos de González de Molina y Caporal (2013).

Por otro lado según, Doméne (2015) el modelo de modernización en la agricultura también significó un aumento en las exigencias de la producción agrícola tradicional, la cual debía promover el abastecimiento interno de alimentos y la provisión de materias primas agropecuarias para la industria, por no tener una infraestructura industrial para procesarlas materias primas provenientes del sector agrícola, esto también se evidencio en el sector de la producción animal con los recursos alimentarios autóctonos, se generó una dependencia de las importaciones de la materia prima, lo que contribuyó a incrementar el déficit de la balanza agrícola, se abandonaron rubros tradicionalmente utilizados que fueron sustituidos por las importaciones influenciado por el creciente ingreso petrolero, reflejado en un incremento de la importación de productos agrícolas terminado.

Mendoza, (2000). El Estado venezolano está constitucionalmente configurado como un Estado, en el que se distinguen tres niveles de organización política: el nivel nacional, que corresponda la República; el nivel estatal, que corresponde a los estados miembros de la federación; y el nivel municipal. En cada uno de estos niveles existe una administración pública del sector agrícola, que es el instrumento de la acción política al servicio de la comunidad o sector rurales, compuesta por un conjunto de entes y órganos que le sirven para el desarrollo de sus funciones y el logro de los fines que tienen constitucionalmente prescritos.

Por otro lado, nos enfrentamos a la preocupación más conservadora que pone de manifiesto la brecha abierta entre la simplificación del debate político y ciudadano, con este cambio, los ciudadanos deben participar tanto en la evaluación como en la gestión de las políticas públicas, especialmente en el área social. En el caso de la evaluación, varias reformas administrativas en todo el mundo están introduciendo instrumentos para estimar los resultados de los servicios públicos a través de la consulta popular.

Lanz. (2008), En lo que se refiere a la participación de las políticas públicas agrícolas, las comunidades están asumiendo la responsabilidad por programas en las áreas de educación, salud, agricultura y vivienda, como puede comprobarse en diversas experiencias exitosas en América Latina como Brasil a través del movimiento sin tierra. Habitualmente el fomento de la participación ciudadana directa en los procesos de formación de decisiones públicas se ha interpretado como sinónimo de democratización de la administración pública

La noción de planificación participativa comunitaria, incluso se ha hecho equivalente a la representación social en la administración pública. Sin embargo, la experiencia acumulada a lo largo de la última mitad del siglo XX, ha tornado claro que no toda forma de representación social enarbolada en favor de la democracia propende a reequilibrar el poder en el seno de la administración. Por otra parte, en los últimos contextos históricos han surgido otros medios de influencia de la ciudadanía sobre la administración pública, como las organizaciones de bases.

Sen (1998), argumenta que lo importante en los procesos de desarrollo es la capacidad de los ciudadanos para poder decidir sobre las cuales son la potencialidad es que están dispuestos a utilizar en la realización de su proyecto de vida y, por lo tanto, en su contribución al desarrollo; es decir, se trata de que los ciudadanos puedan elegir, de que la población tenga las oportunidades para poder realizar las actividades que desee con las habilidades y el conocimiento que tiene, para que no fracasen la políticas públicas o programas como sucedió con el modelo de misión de   vuelvan caras que muchas habitantes sin tomar o considera aspectos culturales y sociales fueron ubicados en proyectos que no correspondían a sus conocimientos y vocaciones productivas

Para el Centro Latinoamericano de Administración para el Desarrollo, establece que, en el área social, el camino está en fortalecer el papel del Estado como formulador y financiador de las políticas públicas. Para esto, se torna fundamental el desarrollo de la capacidad catalizadora de los gobiernos en cuanto a atraer a la comunidad, a las empresas o al tercer sector, para compartir la responsabilidad en la ejecución de los servicios públicos, principalmente los de alimentación, salud y educación básica. Para tal fin es necesario mantener el poder de intervención estatal directa, en caso de que no estuviesen dadas las condiciones sociales mínimas para compartir las actividades con la sociedad. Es el caso del programa o política pública agrícola venezolana del año 2000 que se llamó la sobre marcha donde empresas privadas de extensión agrícola tenían bajo su responsabilidad de ejecutar proyectos de fortalecimiento productivo agrícola en Venezuela, evidenciándose que las políticas públicas agrícolas son habitualmente imperfecta cuando no se mejora la política sustantiva de manera integrada, gastándose más recursos sin que los resultados mejoren, o lo hagan de manera menos que proporcional.

El Consejo Latinoamericano de Desarrollo sostiene que el Estado debe continuar actuando en la formulación general, en la regulación y en el financiamiento de las políticas públicas sociales donde las agrícolas y de desarrollo científico- tecnológico juegan un papel fundamental, pero que es posible transferir el suministro de estos servicios a un sector público no-estatal en varias situaciones. De antemano, es preciso establecer que no se trata de la privatización de los servicios públicos en el área social. El Estado continuará siendo el principal financiador, y más que esto, tendrá un papel regulador en el sentido de definir las directrices generales y de poder retomar la aplicación de determinadas políticas, en caso de que sus ejecutores no estén realizando un trabajo acorde con lo esperado por los ciudadanos.

La cuestión es que una política pública agrícola, quiere tratar y la manera como quiere tratar los objetivos, instrumentos, operadores, recursos, tiempos, terminan por fortalecer o debilitar los intereses y expectativas de los grupos sociales que en ella están interesados. Se configuran entonces varias, singulares y cambiantes estructuras de poder, según la naturaleza de la cuestión en disputa y según el tipo de respuesta que se espera de la política previsible.

Conscientes de la importancia de resolver la problemática asociada a la aplicación de las políticas públicas agrícolas en los últimos tiempos años muchos países e investigadores activos se han interesado por la temática y han abordado procesos de investigación relacionados con ésta, procurando diseñar y desarrollar modelos que propicien un buen desarrollo agrícola dirigido a elevar los niveles de producción agrícola y el buen vivir de las comunidades rurales

El Programa Federal de Reconversión Productiva creada en Argentina para los pequeños y medianos productores del ámbito rural fue creado en 1993 y constituye uno de los ejemplos del cambio de perspectiva en los programas de desarrollo de las políticas públicas rural de los últimos 20 años. El Programa fue impulsado por la Secretaría de Agricultura, ganadería y pesca junto al Instituto Nacional de Tecnología Agropecuaria (INTA), como respuesta al diagnóstico realizado sobre la situación de cuyo objetivo era asistir a los minifundistas y pequeños productores de las economías regionales de todo el país. Este no respondía a expectativas de inserción productiva, sino a fines asistencialistas, comprendidos en la órbita de bienestar social

Brasil con su problemática agraria establece sus intereses sobre los agro negocios, desarrollando políticas públicas agrícolas por un lado de apoyo al sector agroindustrial del monocultivo y su expansión y por otra parte a los movimientos sociales rurales, este proceso provocó, una reducción de oferta de productos alimentarios y deslazamientos de cultivos de subsistencia e incrementos de los costos de producción y transporte.

Así como también la reivindicación de la naturaleza de las políticas publica agrícolas gubernamentales y de la necesidad del análisis ha sido la reacción a una historia de decisiones errática e inconcluyente, en la que caen los gobiernos prisioneros de poderosos grupos de interés y rehenes de coaliciones político-económicas particularistas, las cuales puntualmente esterilizan todo diseño de política que afecte sus intereses y privilegios, en desmedro del conjunto ciudadano. Por su parte, otros insisten con diversos argumentos que una visión económica unilateral del análisis se basa en una idea muy optimista de los alcances reales de la eficiencia económica para el bienestar y la estabilidad general de la sociedad en su conjunto.

Desde el punto de vista de la producción agrícola Colombia baso sus perspectivas de productividad al sector agrícola a la dotación de recursos primarios con una combinación de políticas agrícolas discriminatorias desfavorables de dotación de factores que corresponden a una mejor producción agrícola, como la especialización de la producción agrícola en productos para los que la tierra ´parece especialmente productiva y la difusión de la nueva tecnología en donde no todas las unidades productivas familiares agrícolas tienen igual acceso a los conocimientos ara utilizar las nuevas tecnologías agrícolas ara hacerlos productivas en sus propias fincas

Japón, en un proceso de modernización de sus políticas públicas agrícolas con énfasis en la producción por hectáreas a través de usos intensivos de fertilizantes con un tipo de medios mecánicos susceptibles de producción interna y funcionales a pequeña escala

A nivel europeo Dinamarca, es un ejemplo destacado de considerar dentro de sus vías de desarrollo agrícola a través de sus políticas públicas productivas es la coherencia en las relaciones hombre tierra acorde a sus opciones tecnológicas y disponibilidad de recursos

Consciente de la realidad de la producción agrícola, podemos mencionar a Giraldo Omar F. (2022), en su obra Sembrando Territorio, Multitudes agroecológicas, quien menciona que es urgente establecer acciones para generar los cambios y las transiciones y las transformaciones de las civilizaciones y de sus territorios, quienes han estado cargadas de un contexto totalmente hegemónico instituido, es necesario pensar en un proceso de las políticas públicas agrícolas descentralizadas del poder popular, que permita la organización de los colectivos en sus propios territorios a través de procesos multisituados enfocados en hacer transformaciones radicales en escalas locales, reemplazar el modelo hegemónico agrícola convencional extractivista y rentista, totalmente generador de un despoblamiento rural bajo el cual se han direccionado las políticas públicas agrícola, por uno que busque hacer una ruptura ontológica de una coexistencia del ser social, de aquí la importancia de considerar y de incluir en el modelo propuesto a la agroecología como estrategia en la construcción de las políticas publica agrícolas que ayuden a restaurar los ámbitos comunitarios donde la producción agrícola trascienda incluyendo una multiciplidad de ámbitos articulados en distintos especias.

En el contexto histórico actual la visión y conceptualización de la política pública agrícola, debe estar orientado hacia el desarrollo comunal, de manera tal que giren sus discusiones y planteamientos hacia ese entorno, haciendo y orientando un aprovechamiento óptimo de las potencialidades locales, buscando mejorar las condiciones básicas de los sectores sociales a nivel local.

Como complementó según Sanoja y Vargas, (2015). En el proceso de transformación que vive Venezuela, se requiere de un nuevo enfoque de desarrollo, que impulse la construcción social de la sociedad comunal socialista venezolana, en función de esto, los autores consideran que se debe analizar críticamente el proceso de construcción ideológica dentro del contexto histórico geográfico tradicional de agricultura venezolana, en función de lo antes planteado es importante recurrir y nutrirse de un legado positivo, de un ideario propiamente latinoamericano sobre una visión integral del desarrollo.

El papel del Estado bajo este enfoque se orienta a buscar las mejores relaciones entre éste y la sociedad, lo cual supone la devolución de lo público a la población expresado en el poder popular, dirigidas a romperlas estructuras burocráticas que reproducen las relaciones de dominación capitalista. Esta nueva perspectiva de transformación económica desde lo local, se sostiene bajo una visión holística, orientada en una concepción política, económica, social, territorial e internacional, regida por los principios de la democracia participativa, organización popular, desconcentración territorial y redistribución de la tierra, mediante el incentivo de la producción nacional, la independencia, la pertinencia tecnológica, la soberanía alimentaria, cooperativismo, trabajo no dependiente, cultura local, equidad de género y comunicación libre para erradicar los valores propios de la economía capitalista impuesta a la población.

1.3 La gestión del Estado para el establecimiento de las políticas públicas Agrícolas

Para Lanz (2002), en la actualidad una fuerte propensión a sectorizar la gestión del Estado por la vía del acopamiento de la función pública, este proceso va parejo   con una dificultad estructural para impulsar transformaciones efectivas en el aparato estatal. El gobierno ha heredado un funcionariado tan extendido como inútil. La dinámica de sustitución de parte de este funcionariado muestra claramente el imperio de criterios pragmáticos y clientelares que sea acentúan con la profundización de la crisis de gobernabilidad. Es obvio cómo repercute esta tendencia en el conjunto del desempeño del Estado: ineficiencia crónica, mediocre calidad de gestión, corruptelas de todo género, insostenibilidad de programas y proyectos, intangibilidad de resultados.

Para Moyado, (2002). La nueva visión las de políticas pública agrícolas promueve, en términos generales, la idea de un Estado más descentralizado, con menos control jerárquico y mayor rendición de cuentas. Defiende la planificación participativa comunitaria como insumo que produce resultados significativos y asegura el éxito y la efectividad, además de reclamar mayor capacidad para el análisis estratégico, comunicaciones activas, horizontalidad y potenciación de las capacidades organizacionales, así como construcción de redes institucionales.

Cada una de las premisas sobre las que se sustenta la nueva gestión de las políticas públicas agrícolas, produce diversas implicaciones al interior de las administraciones públicas que se vinculan con nuevos procesos, nuevos valores y nuevas pautas para el desempeño en sector público. El Troudi (2008), establece que es necesario generar una nueva cultura de gestión que empieza por abandonar inercias, costumbres y reglas no escritas que han prevalecido y que sin duda constituyen los principales obstáculos para el cambio y el establecimiento de planes y programas de modernización que a menudo fracasan precisamente porque el peso de aquellos factores resulta una gran carga que de fin del comportamiento de los funcionarios en las instituciones del sector público.

El nuevo ámbito de las políticas públicas agrícolas, por ejemplo, su reestructuración puede conducir a un serio repliegue de las funciones empresariales tradicionales de la esfera pública, vinculadas con la propiedad directa de empresas productivas, dando lugar así a un aparato estatal más pequeño y mucho más débil. Para Acuña y Smith (2006), La acelerada ejecución de reformas neoliberales radicales que supremen o anulan leyes y normas vinculadas con las instituciones decisorias neo corporativistas, las organizaciones de los trabajadores y la negociación colectiva. Así, la profundización de las reformas orientadas al mercado puede transformar poco a poco las divisiones tradicionales de la sociedad y dar origen a un nuevo sistema partidario, que refleje los nuevos lineamientos sociales y económicos. También forman parte de este proceso la despolitización de los debates sobre políticas públicas y la competencia por ventajas electorales dentro de los marcos institucionales del incipiente orden neoliberal.

Cualquier política pública agrícola puesta en marcha por el Estado debe ser capaz de recabar apoyo social suficiente para que los líderes del gobierno no se mantengan en el poder. De modo que la explicación de las políticas estatales requiere examinar la política que existe tras la acción de gobierno. Hablar de un Estado fuerte implica que la política puede ser suprimida de la ecuación para determinados países y no serlo para otros

En tal sentido, las tendencias de la política publicas agrícolas observadas en América Latina sugieren que el instrumental teórico y metodológico disponible es aún insuficiente para captar la dinámica e interpretar el sentido de aquellas trasformaciones y relaciones en el ámbito rural.

Señalando sus principales limitaciones y destacando la necesidad de introducir el grado de complejidad requerido para que el estudio de políticas públicas agrícolas estatales sirva como vía de acceso al tema de las trasformaciones del Estado y de sus relaciones con la sociedad civil. El aparato estatal no es pues el resultado de un racional proceso de diferenciación estructural y especialización funcional, ni puede ajustarse en su desarrollo a un diseño planificado y coherente.

Su formación generalmente describe, más bien, una trayectoria errática, sinuosa y contradictoria, en la que se advierten sedimentos de diferentes estrategias y programas de acción política. Los esfuerzos por materializar los proyectos, iniciativas y prioridades de los regímenes que se alternan en el control del Estado tienden a manifestarse, al interior de su aparato, en múltiples formas organizativas y variadas modalidades de funcionamiento cuya cristalización es en buena medida producto de las alternativas de los conflictos sociales dirimidos en esta arena.

A menudo, la omnipotencia de las políticas públicas agrícolas da lugar a situaciones claramente irregulares. La más habitual es el patronazgo político, que, si bien existe prácticamente bajo cualquier tipo de régimen, adquieren los que estamos considerando particular difusión, sobre todo en América Latina. Desde el punto de vista de las interdependencias jerárquicas, este fenómeno lleva a veces a las sub utilización de los servicios que prestan ciertas unidades, debido al fuerte clivaje político entre sus titulares y sus superiores inmediatos.

Otro fenómeno que debilita las polítices publicas agrícolas, es la incapacidad de los organismos normativos del gobierno central para controlar la actividad del sector descentralizado del Estado. Esto se advierte por ejemplo en las vinculaciones que mantienen las poderosas empresas públicas y entes autónomos con los ministerios a cargo del área correspondiente, donde las líneas de autoridad formal establecidas en los organigramas se desdibujan frente a la asimétrica relación de fuerzas existentes entre ambas clases de organizaciones.

Los actores gubernamentales no son los únicos en las fases de las políticas públicas, la construcción de la política no es una decisión aislada, es más bien una decisión subóptima que busca reducir el número de perdedores y ampliar ganadores, dicho en otras palabras, una política pública dado los recursos escasos como tiempo, presupuesto, personal, acuerdos etc. Por sí misma, trata de dar una solución a un problema acotado.

Según lo antes expuesto es importante recurrir a diferentes medidas para redimensionar el Estado donde principalmente se reorienten las políticas públicas agrícolas desburocratizando el aparato estatal e implementando la racionalización de la gestión de las políticas públicas donde se satisfagan las necesidades locales de la población de acuerdo a sus particularidades, contexto sociocultural y generar estrategias de desarrollo que promuevan procesos de modernización incluyentes de los productores del campo.

En Venezuela los programas y políticas públicas agrícola se están encaminados a cumplir con el mandato constitucional y se manifestará en la promulgación en primer lugar la Ley de Tierras y Desarrollo Agrario del año 2001, la cual derogaba la Ley de Reforma Agrariade1960, uno de los principales elementos detonantes del breve golpe de Estado del año 2002. Es precisamente desde allí que se plantea una ruptura con el Modelo planteado en el mismo Plan 2001-2007, donde no se consideraba una economía socialista Guerra, (2007).

Después del fracaso de los acontecimientos del año 2002(Golpe de Estado, Sabotaje Petrolero) y la ratificación del Mandato de Hugo Chávez en el Referendo realizado en el año 2004, se dieron las condiciones y los espacios para que el gobierno revolucionario generara las acciones de cambio y transformación expuestas en el documento "El Salto Adelante" considerada la Nueva Etapa de la Revolución Bolivariana, se contemplaba la implementación de diez objetivos estratégicos:

1. Avanzar en la conformación de la nueva estructura social.

2. Articular la Nueva Estrategia Comunicacional.

3. Avanzar aceleradamente en la construcción del nuevo modelo democrático de participación popular.

4. Acelerar la creación de la nueva institucionalidad del aparato del Estado.

5. Activar una nueva estrategia integral y eficaz contra la corrupción

6. Desarrollar la nueva estrategia electoral.

7. Acelerar la construcción del nuevo modelo productivo rumbo a la creación del nuevo sistema económico.

8. Continuar instalando la nueva estructura territorial.

9. Profundizar y acelerar la conformación de la nueva estrategia militar nacional.

10. Seguir impulsando el nuevo sistema multipolar internacional.

Cuando se revisa el desarrollo del plan en el lapso 2001-2007, se evidencia que no hubo las transformaciones de manera significativa en los objetivos planteados, en el caso de la producción vegetal en diferentes rubros se puede observar en el Gráfico1, que solamente hubo un incremento en los Cereales, los demás rubros tuvieron un decrecimiento

Se debe profundizar el debate sobre los nuevos y mejores caminos que nos lleven a sustituir un régimen histórico basado en la explotación del trabajo ajeno y en el afán de maximizar el beneficio individual, por una nueva sociedad organizada en función de dirigir el esfuerzo productivo para satisfacer las creciente necesidades sociales y hacer posible el desarrollo humano integral de todas las personas.

Se requiere de unas políticas públicas agrícolas donde prevalezca la conciencia social como punto de partida para la liberación de los trabajadores y trabajadoras al saberse sujetos sociales promotores de su propia emancipación. Como lo expreso oportunamente Max (2004) la alienación es uno de los mecanismos con los que los capitalistas logran mantener aletargados e ignorantes de su condición de explotados a la masa laboral

Evidentemente con participación activa y protagónica de la comunidad organizada, con el fin de consolidar una verdadera alianza popular con miras a lograr un verdadero control del pueblo organizado sobre los procesos de producción, distribución y comercialización de los bienes y servicios que resultan imprescindibles para asegurar su supervivencia y reproducción.

Frente a la alternativa de democratizar, no el capital, sino la propiedad sobre los medios de producción fundamentales a través de nuevas formas de propiedad social que aseguren que los trabajadores directos y miembros de la comunidad sean y se sientan los verdaderos copropietarios sociales de esos medios de producción, con la construcción de un Nuevo Modelo Productivo que erradique las causas estructurales del desempleo, la pobreza y la exclusión social, donde se rompa con las estructuras de políticas neoliberales y se enfrente problemas sociales, ecológicos y ambientales, para que los territorios puedan participar activamente en el nuevo enfoque o paradigma de desarrollo.

Donde ellos puedan aportar desde su propio nivel de desarrollo, según sus historias locales y las estrategias de los actores locales, considerando los factores sociales, culturales históricos, organizacionales y políticos, difícilmente considerados en las políticas públicas anteriores. El Troudi (2008).

Se puede observar que tanto teóricamente como en la práctica de las políticas públicas agrícolas se han impulsado proyectos para la revalorización de la importancia de lo local, las transformaciones sociopolíticas y tecnológicas como respuesta a la dependencia y a la globalización, se refleja un cambio de la percepción y el análisis de los problemas regionales en este contexto, es importante considerar el nuevo entorno de la gestión de las políticas públicas agrícolas que han surgido de los cambios estructurales en los enfoques de las teorías de desarrollo y en el papel del Estado.

1.4 La nueva concepciones y visión de las políticas públicas agrícolas

En la Nueva visión de las Políticas Públicas Agrícolas Álvarez (2007) plantea en que, a pesar de la fuerte oposición del Gobierno Bolivariano al capitalismo como un modelo productivo generador de desempleo, pobreza y exclusión, luego de veinticuatro años de Revolución, el peso de la economía capitalista lejos de disminuir más bien ha aumentado su participación siendo mayoritaria la naturaleza capitalista del modelo productivo venezolano, pudiéndose evidenciar en los lineamientos políticos orientados hacia el desarrollo productivo agrícola que la puesta en práctica de diferentes planes que consideran elementos que orientan   hacia   un   modelo   de producción socialista,   persisten condiciones de carácter capitalista que frenan la concreción de la soberanía y Seguridad Alimentaria.

Lanz, (2008) Para hacer posible la concreción del nuevo modelo de política pública agrícola, para cualquier sector específicamente el agrícola es imprescindible una transformación en la conciencia individual y colectiva, una nueva cultura ética que erradique la corrupción, uno los principales obstáculos en la transición hacia una conciencia y una práctica socialista.

Se debe profundizar el debate sobre los nuevos y mejores caminos que nos lleven a sustituir un régimen histórico basado en la explotación del trabajo ajeno y en el afán de maximizar el beneficio individual, por una nueva sociedad organizada en función de dirigir el esfuerzo productivo para satisfacerlas creciente necesidades sociales y hacer posible el desarrollo humano integral de todas las personas. Se requiere un enfoque de unas las políticas públicas agrícolas en la cual no deben dominar las relaciones entre las elites político burguesas, sino unas políticas públicas de carácter auto reflexivo orientado hacia la creación de una base de competitividad nacional.

Evidentemente con participación activa y protagónica de la comunidad organizada, con el fin de consolidar una verdadera alianza popular con miras a lograr un verdadero control del pueblo organizado sobre los procesos de producción, distribución y comercialización de los bienes y servicios que resultan imprescindibles para asegurar su supervivencia y reproducción. Frente a la alternativa de democratizar, no el capital, sino la propiedad sobre los medios de producción fundamentales a través de nuevas formas de propiedad social que aseguren que los trabajadores directos y miembros de la comunidad sean y se sientan los verdaderos copropietarios sociales de esos medios de producción, con la construcción de un Nuevo Modelo Productivo que erradique las causas estructurales del desempleo, la pobreza y la exclusión social.

En la tarea de repensar un modelo para el fortalecimiento productivo y una contribución a las políticas públicas agrícolas se debe asumir un nuevo enfoque de una agricultura que considera los siguiente:

Cuadro N 2: Nuevo enfoque o paradigma de Políticas Públicas Agrícola para la transformación productiva

	Enfoque Tradicional	Nuevo Enfoque
Objetivos	Transferencia presupuestaria, ingreso agrícola	Democracia participativa
Especialización	Agricultura	Diversos sectores de las economías productivas rurales
Instrumentos Principales	Subvenciones	Inversiones
Actores Claves	Administración nacional agriculturas	Poder popular inclusión

Fuente: OECD 2006

Este nuevo enfoque de las política públicas agrícolas deben apuntalar a la soberanía y seguridad alimentaria implicando, la producción de alimentos a nivel local y domestico basada en los pequeños y medianos productores diversificados y utilizando sistemas de producción agroecológicos, precios justos para los agricultores, acceso a la tierra, agua, insumos agrícolas, control comunitario sobre los recursos productivos, las inversiones públicas agrícolas significativas para la producción campesina, reconocimiento del papel de las mujeres como productoras agrícolas de alimentos.

Se deben considerar las políticas públicas agrícolas territorialmente, enfatizando precisamente la necesidad de adoptar políticas públicas Agrícolas diferenciadas por tipo de gente y por tipo de territorio, reconociendo las idiosincrasias locales como punto de partida para el diseño de las mismas. La tarea de repensar las políticas públicas agrícolas pudieran generar un proceso de transformación productiva e institucional desde un espacio rural determinado suponiendo cambios en los patrones de producción innovando en productos, procesos y gestión y el desarrollo institucional que apunte a estimular la concertación de los actores locales entre sí y entre ellos y los agentes externos relevantes, y en los procesos y los beneficios de la transformación a modificar las reglas formales e informales que reproducen la exclusión de los pobres en los procesos y los beneficios de la transformación productiva. Dieterich 2007.

1.5 Bases legales que sustentan las Políticas Públicas Agrícolas en Venezuela

En el marco de las políticas públicas agrícolas las cuales se concretan a través de los poderes públicos y que para lograr tales propósitos existe un conjunto de fundamentos legales que representaron un hito histórico en nuestro país, que marcó el inicio de una nueva etapa en la orientación de las regulaciones y políticas públicas del sector agrícola en Venezuela, instrumentos jurídicos que han permitido avanzar hacia un nuevo paradigma de las leyes en materia agrícola y de desarrollo rural el cual busca privilegiar lo social sobre los intereses económicos particulares, entendiendo que el bien común y el interés general constituyen sus finalidades esenciales

Dentro de la nueva configuración del Estado que estableció la Constitución de 1999, la agricultura, el desarrollo rural y la seguridad alimentaria adquirieron un nuevo status, a partir de orientaciones constitucionales específicas. Los artículos 305, 306 y 308 definen la orientación de las políticas públicas en materia de agricultura, seguridad alimentaria, desarrollo rural y redistribución de la tierra. Así como también la incorporación de modificaciones intrínsecas a las técnicas o por la incorporación de prácticas agroecológicas, para contribuir a la sustentabilidad en el desarrollo agrícola integral y por ende impulsar la soberanía y seguridad alimentaria a través del desarrollo de una verdadera agricultura sustentable.

Ley plan de la Patria Proyecto Nacional Simón Bolívar año 2019-2025

En lo referido a las Políticas Públicas Agrícolas, estas estarán orientadas en el objetivo nacional, el cual contempla lograr la Soberanía y Seguridad Alimentaria, encaminadas a generar acciones que promovieran el verdadero desarrollo rural integral. Dentro de los elementos que se venían trabajando a partir de 2001, bajo esta nueva concepción de las políticas agrícolas fue el denominado Plan Zamora, el mismo estaba orientado a la adjudicación de tierras a los campesinos, financiamiento, obras de infraestructura, capacitación y asistencia técnica, para dar cumplimiento a las políticas agroalimentarias. El organismo responsable de dar cumplimiento al Plan Zamora es el Instituto Nacional de Tierras, adscrito al Ministerio de Agricultura y Tierras.

Ley de Tierras y Desarrollo Agrario (2005)

La producción agrícola se considera, como una actividad dinamizadora del trabajo y la economía en el medio rural, su dinamismo depende de la tenencia de la tierra, para lo cual se debe tener un inventario que permita identificarlas privadas, baldías y las de propiedad de la Nación, así como su vocación agrícola para la realización de estas actividades, artículos 2, 3 y 17.

Los problemas, que han presentado los productores del campo para la preparación de la tierra, transporte y comercialización, así como el traslado de los insumos hasta los predios, son un obstáculo para el impulso de esta actividad; Art.5

Ley de Salud Agrícola Integral (2008)

En el marco del desarrollo de la agricultura sostenible con igualdad social y de género para el trabajo, equidad en el acceso a la tierra, en armonía con el ambiente, disminuyendo el uso de agroquímicos, sustituyendo los por productos biológicos menos contaminantes. Esta iniciativa se ampara en los artículos 48, 49, 50 y 51 Ley Orgánica de Seguridad y Soberanía Agroalimentaria (2008).

Con el propósito de disminuir la dependencia en materia alimentaria, el Estado ha venido impulsado la producción local, comenzando con aquellos rubros de mayor demanda, maíz y arroz, los cuales han experimentado un incremento de importación, para lo cual se requieren millones de dólares. Para revertir esta dependencia se han creado nuevas formas productivas más amigables con el ambiente, que respetan las culturas autóctonas y las técnicas productivas ancestrales que permiten la sostenibilidad de los recursos de los agro-ecosistema, tomando como principio los artículos 4 y 5.

Con la intención de dar un mayor dinamismo a las políticas públicas en el ámbito agropecuario, se crea en enero de 2011, la Gran Misión Agro Venezuela, con la finalidad de incrementar la producción agrícola y evitarla reproducción de ciertas prácticas burocráticas que imposibilitan el acceso oportuno de los productores al crédito y los insumos. Tal iniciativa se centra en el incremento de la superficie de siembra de los rubros cereales, leguminosas, hortalizas, raíces y tubérculos, teniendo como base la producción de 2010, pero tal iniciativa, solo logró cristalizar los objetivos en los tres primeros, alcanzando récord de producción en el año 2013

La Ley Orgánica de las Comunas 2008

Teniendo la comuna entendida en su conjunto como un modelo comunitario de organización y ejercicio del poder popular llevado a cabo en las poligonales productivas geo socioculturales resultantes de la agregación de Consejos comunales, donde se desarrollan relaciones sociales, económicas y políticas basadas en valores socialistas, a partir de la satisfacción de todas las necesidades humanas y el pleno ejercicio De los deberes y derechos individuales y colectivos Osorio, Harnecker, Jiménez, Pacheco y El Troudi (2008).

En sus artículos las comunas están asociadas a la garantía de la inclusión social, a ejecutar proyecto comunal es de producción de supervisar y evaluar la gestión productiva, asociada a la garantía de una plana inclusión social.

Ley orgánica de los Consejos Comunales 2008.

En su artículo 2 establece *"Los consejos comunales son instancias de participación articulación e integración entre las diversas organizaciones comunitarias, grupos sociales y los ciudadanos y ciudadanas que permite al pueblo organizado ejercer directamente la gestión de las políticas públicas ......"* Que busca una reforma sustancial de las políticas públicas que se adapten a las leyes vigentes, no de una simple modificación parcial o puntual, pues es imperativo impulsar una nueva filosofía, una nueva ética y unas nuevas relaciones sociales fundadas en los principios bolivarianos, socialista y antiimperialista.

Ahora bien, después del establecimiento de todos estos instrumentos jurídicos, en un momento en que la Revolución Bolivariana ha iniciado una nueva fase hacia la orientación de las políticas públicas agrícolas para afianzar la construcción del Socialismo del siglo XXI, resulta imprescindible emprender la adecuación de estas normas jurídicas para profundizar este proceso de transformaciones políticas, sociales, económicas y culturales.

De allí que en el proceso hacia el socialismo y romper con un modelo económico rentista petrolero y sea necesario reafirmar la planificación de la gestión de las políticas públicas agrícolas desde el punto de vista jurídico, institucional y comunal, como un mecanismo fundamental para desarrollar proyectos y programas que se concreten y materialicen y puedan generar una verdadera transformación del sector agrícola venezolano y no se continúen en un despilfarro de recursos del Estado como es el caso del Núcleo de Desarrollo Endógeno 19 de abril.

El modelo se plantea, como un mecanismo fundamental para que las políticas públicas agrícolas del estado Bolívar estén dirigidas a satisfacerlas necesidades de la población específicamente del sector rural, haciendo oposición a las tendencias desarrolladas por el modelo convencional de agricultura, que lo que viene es a favorecer el mercado como instrumento al servicio de los intereses particulares y del capital.

Un modelo que se fundamenta en el fortalecimiento de actividades socio productivas y participación del poder popular, vinculadas al Núcleo de Desarrollo Endógeno 19 de abril, que permitan la generación de nuevas formas de organización social y técnico productiva, desde las comunidades como eje principal de apalancamiento de empresas y/o sociedades que permita la desarticulación progresiva de las estructuras capitalistas que coexisten en la economía nacional, logrando la conformación de la columna vertebral de un nuevo modelo económico socialista.

Esta nueva perspectiva de transformación económica desde lo local, se sostiene bajo una visión holística, orientada en una concepción política, económica, social, territorial e internacional, regida por los principios de la democracia participativa, organización popular, desconcentración territorial y redistribución de la tierra, en un ambiente sano y productivo, mediante el incentivo de la producción nacional, la independencia, la pertinencia tecnológica, la soberanía alimentaria, cooperativismo, trabajo no dependiente, cultura local, equidad de género y comunicación libre para erradicarlos valores propios de la economía capitalista.

La representación social debe ser diversa, para poder establecer algunos eslabones, constructores o criterios, los cuales nos orientan a derivar en principios políticos para proceder a la formulación de las políticas públicas agrícolas desde una visión o paradigma agroecológico, valorando predominantemente el comportamiento humano.

Desde la nueva configuración de las políticas públicas agrícolas deben irse definiendo estrategias que orienten la formulación de planes, programas y los proyectos que cumplan con los principios de contribuir al desarrollo endógeno productivo agrícola local y por ende a la seguridad agroalimentaria.

Venezuela forma parte de los países latinoamericanos donde el modelo de desarrollo dependiente ha impulsado la explotación de determinados recursos y   espacios, priorizando los procesos económicos y las necesidades de los países desarrollados; en consecuencia se han destruido ecosistemas; se han acentuado las diferencias sociales y el acceso desigual a los recursos existentes, al igual que se ha observado un deterioro en la calidad de vida de la población (García, 1991;Gabaldón,2006).

González (1988) señala que el modelo de desarrollo del país sigue siendo un aspecto inherente al actual estilo de desarrollo, que conlleva al delito de deterioro y contaminación, así como a las transgresiones al ambiente mediante el agotamiento de sus recursos. Buróz (1996) al presentar una visión de los problemas ambientales de Venezuela hasta1992, pone de manifiesto que el modelo de desarrollo imperante en el país no ha incorporado el ambiente en la medida requerida. Para Sanoja (2008) lograr un desarrollo sustentable requiere de un profundo cambio cultural y una gran transformación social, más allá de la divulgación de la información y el establecimiento de normas y sanciones legales.

Con la aprobación de la Constitución de la República Bolivariana de Venezuela en 1999 el gobierno nacional ha tratado de impulsar un cambio revolucionario ideológico-político en el país, el cual ha implicado un retorno a la intervención directa del Estado como agente económico. En este proceso de cambio, concebido como una revolución socialista, se ha otorgado elevada prioridad, en el plano normativo, al desarrollo agrícola sustentable dirigido hacia el desarrollo rural, con énfasis en el autoabastecimiento, partiendo de la reforma en el 2010 de la Ley de Tierras y Desarrollo Agrario (2001) en donde la nueva orientación implica el apoyo a los nuevos productores que surjan del proceso redistributivo agrario, y la acentuación del desarrollo endógeno.

Estos cambios persiguen tres objetivos: disminuirlos niveles de pobreza, generar empleo sustentable y garantizar la soberanía alimentaria, todo sobre la base de una justicia social (Lugo, 2006; citado por Lugo y Morín, 2010). En el plano institucional se crean un conjunto de organismos y se multiplican los programas y proyectos; lo cual plantea un gran desafío para el sector público agrario, obligado a responder en poco tiempo a rápidas transformaciones, lo cual dificulta la consolidación de su capacidad de gestión.

En reflexión, para el caso venezolano, y en lo referente a la gestión de las políticas pública de la agricultura y lo rural, mediante las actuales instituciones, se está muy lejos de funcionar como un sistema compuesto por subsistemas interrelacionados, destacándose su manera disfuncional, desarticulada, ineficiente e incongruente administrativamente, impera la burocracia de los sistemas de gestión para el desarrollo agrícola y rural. Por último, cabe decir que, a pesar de los profundos cambios en la orientación de las políticas públicas agrícolas a nivel nacional, dirigidas a un nuevo modelo de desarrollo socialista, aún sigue prevalecido el patrón neoliberal para el desarrollo agrícola.

A manera de conclusión en los actuales momentos las políticas públicas agrícolas en su carácter innovador y libertario, nos deben conducir a ensamblar y ejecutar planes, proyectos y programas de agricultura en los diversos sectores agro alimentarios, afirmamos tal aseveración, por cuanto la configuración de dichas políticas deben partir de un conjunto de acciones sociales, culturales, territoriales, ambientales y productivas, emprendidas en uno o limitado lugar, espacio e interés comunitarios construidas colectivamente.

Actualmente a través del establecimiento de las zonas económicas especiales, el estado Bolívar por su ubicación geoestratégica territorial, presenta potencialidades para fortalecer el sector productivo agrícola, considerando también que se pueden incorporar otros ámbitos del sector productivo como es la pesca y la acuicultura, ya que la zona cuenta con infraestructuras de apoyo agropecuario que puedan ser rescatadas y recuperadas para las economicas productivas que conforman las diferentes áreas, las cuales estarán delimitadas por medio de un sistema de coordenadas, proyectos de desarrollo y planes de inversión.

Este nuevo modelo está llamado a convertirse en el fundamento de una nación moderna capaz de brindar creciente bienestar a la población, Justicia social y participación democrática que apuntala hacia la producción sostenible, basados en una asociada y agregada disposición educativas y formativas de acceso del sector social a participar en el ámbito de las políticas públicas productivas en el sector agrícola, totalmente descentralizadas con un nuevo enfoque de innovar nuevas maneras productivas y de organización del trabajo.

CARACTERIZACIÓN DEL ESTADO ACTUAL DEL FORTALECIMIENTO PRODUCTIVO DEL NUCLEO DE DESARROLLO ENDOGENO DE LA COMUNIDAD 19 DE ABRIL MUNICIPIO ANGOSTURA DEL ORINOCO ESTADO BOLÍVAR

CAPÍTULO II: CARACTERIZACIÓN DEL ESTADO ACTUAL DEL FORTALECIMIENTO PRODUCTIVO DEL NUCLEO DE DESARROLLO ENDOGENO DE LA COMUNIDAD 19 DE ABRIL MUNICIPIO ANGOSTURA DEL ORINOCO ESTADO BOLÍVAR.

En este capítulo se plantea el enfoque metodológico seguido para la caracterización del estado actual del fortalecimiento productivo del Núcleo de Desarrollo Endógeno de la comunidad 19 de Abril, a partir del análisis teórico desarrollado en el capítulo I y sobre la base de los fundamentos filosóficos, teóricos y metodológicos desarrollados, posibilitaron la determinación de las dimensiones e indicadores para el estudio en la práctica y la toma de decisiones posteriores en el desarrollo de la investigación.

En tal sentido, se obtuvieron resultados a partir del empleo de los diferentes métodos, guiados a su vez por el método general dialéctico-materialista, por su capacidad para permitir el establecimiento de relaciones que van a la esencia y permiten el paso de lo abstracto a lo concreto pensado. Se aplicaron técnicas e instrumentos de investigación, así como su análisis de los resultados y formulación de las principales conclusiones que de él se derivan.

Para ello, se acudió a la indagación empírica, lo cual permitió la caracterización del estado actual del fortalecimiento productivo y un análisis de las principales regularidades que se derivan de esta indagación en la práctica. Se considera de valor para el estudio diagnóstico a partir de una caracterización de la comunidad rural 19 de abril, ubicación del Núcleo de Desarrollo Endógeno Municipio Angostura del Orinoco estado Bolívar

La comunidad rural 19 de abril está ubicada en la Parroquia José Antonio Páez, el Municipio Angostura del Orinoco, del Estado Bolívar, tiene una extensión de 550 hectáreas aproximadamente, fue fundado en 1970. Esta comunidad fue declarada por el gobierno nacional como Asentamiento Campesino a finales de los años 80, sin embargo, aunque la producción agrícola es la principal actividad económica de la población; no tiene un desarrollo de la misma.

Los suelos donde se asienta la comunidad en estudio corresponden a sabanas del Orinoco, caracterizados por su baja fertilidad debida entre otras cosas a su bajo pH y bajos niveles de materia orgánica, esto acarrea como consecuencia la necesidad de utilizar sustancias para aumentar la fertilidad del suelo, al utilizarse la agricultura convencional como modelo productivo estas sustancias son de origen químico que deben ser adquiridas en las agrotiendas.

El sistema de riego es manual o algunas veces con aspersores aprovechando el acueducto que surte a la comunidad, posee cuerpos de aguas permanentes como el rio Marhuanta En el año 2004 esta comunidad fue incluida en el programa de la Misión "Vuelvan Caras", la cual proporcionó capacitación técnica en materia agrícola a los participantes, otro beneficio de este programa fue la construcción del Núcleo de Desarrollo Endógeno 19 de abril, se conformó la cooperativa Kamaropa y fue financiado un proyecto de producción agrícola que incluyó perforación de un pozo para el sistema de riego, un tractor, la construcción de galpones para cría de pollos y el financiamiento de la producción de pollos de engorde y la siembra delos rubros plátanos (*Musáceas*), yuca (*Manihot esculenta*), lechosa (*Carica papaya*), entre otros.

En la comunidad rural de 19 de abril existen lotes de tierras en condiciones baldías, entre las cuales, se desarrolló el proyecto del Núcleo de Desarrollo Endógeno, antes señalado, pero al mismo tiempo algunos miembros de la cooperativa tienen parcelas de propiedad individual donde han venido trabajando desde la fundación de asentamiento campesino y otros nuevos parceleros que se han unido en el transcurso del tiempo, diversificando la producción agrícola principalmente e incorporando otras actividades del sector como la piscicultura, la cría de caprinos y la cunicultura, producción agrícola que es comercializada en los mercados locales del municipio, las cuales que realizan sin apoyo de ninguna políticas públicas agrícolas del estado, como también esta producción tributa a garantizar parte de la seguridad alimentaria de los habitantes de la comunidad y sectores aledaños

2.1 Delimitación del Núcleo de Desarrollo Endógeno 19 de abril

La comunidad rural 19 de abril se encuentra delimitada de la siguiente manera:

Norte: Autopista Ciudad Bolívar- Puerto Ordaz.

Sur: Rio Marhuanta

Este: Sector de la Arenera

Oeste: Sector el Chaparral

Figura 1: Ubicación espacial de la Comunidad 19 de Abril.

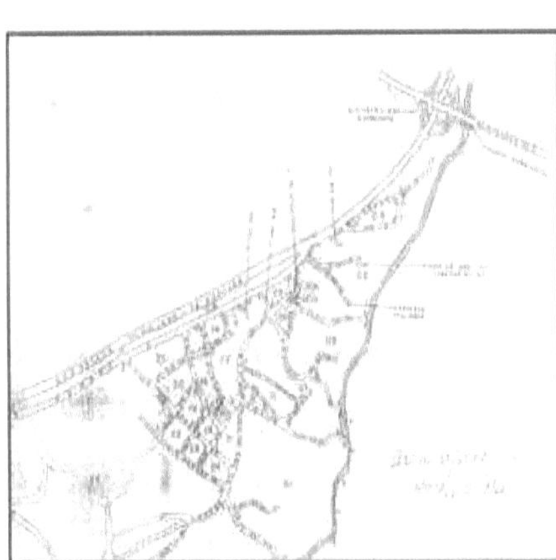

Fuente : Elaboración propia .2008.

Figura 2: Mapa del Estado Bolivar.

Fuente : Plan de Desarrollo Politico Territorial del Estado Bolivar, 2011

La comunidad rural 19 de abril ha sido apoyada técnicamente y financieramente desde los inicios del proceso bolivariano, uno de los elemento resaltantes ha sido el apoyo en cuanto a capacitación y asesoramiento por parte de los especialistas del convenio Cuba- Venezuela, continuo acompañamiento de los técnicos de campo de la Fundación para la capacitación e investigación de desarrollo agrícola (CIARA), otorgamiento de apoyo financiero del fondo nacional de desarrollo agrícola socialista (FONDAS) e insumos y asesoría técnica del instituto de salud agrícola integral (INSAI)

La producción agrícola, está basada en el cultivo de hortalizas en canteros que oscilan entre los 10 – 20 m^2 de superficie, siembra de raíces, como la yuca   dulce para el consumo fresco en pequeñas superficies, la vialidad cuenta con tramos asfaltados y el resto es de tierra, la cual se encuentra en mal estado, lo que limita el transporte de la cosecha e insumos, cuenta con agua potable y red eléctrica; la escasa producción agrícola no cuenta con una infraestructura destinada para su almacenamiento y en muchos casos se daña, generando pérdidas a los cultivadores o agricultores, para evitar tener pérdidas se abstienen de sembrar mayores superficies; en cuanto a la comercialización, carecen de canales propios o   públicos para tal fin, lo que agrava aún más la situación de los pocos productores de la zona, adicionalmente se incluye la falta de organización de los productores, factor que impide su desarrollo

2.2 Características productivas del Núcleo de Desarrollo Endógeno 19 de abril implementadas como Políticas Públicas Agrícolas estado Bolívar

Los Núcleos de Desarrollo Socialista, son espacios territoriales con características específicas y potencial de desarrollo, donde la comunidad se organiza y participa en forma activa para el desarrollo de un proyecto socio productivo integral y sustentable, que coadyuven el mejoramiento de la calidad de vida de sus pobladores, tomando en cuenta su memoria histórica y características sociales, culturales, económicas y políticas y se busca incorporar a los venezolanos que hasta ahora habían sido excluidos del sistema educativo, económico y social

Es oportuno destacar que los núcleos de desarrollo endógeno, fueron una iniciativa del Ministerio del Poder Popular para la Economía Popular (MPPEP), a través de su oficina encargada del seguimiento y evaluación de políticas públicas, para el desarrollo socioeconómico de la nación y aceleración del nuevo modelo socio productivo, para lo cual se conformaron los núcleos, tomando como referencia las potencialidades naturales y sociales que posean las comunidades seleccionadas; esta iniciativa se encuentra soportada en lo establecido en la Gaceta Oficial 38.370 de fecha 01 de febrero 2006

El Núcleo de Desarrollo Endógeno de la comunidad 19 de Abril, se estableció en la comunidad rural del mismo nombre, bajo la figura de organización social cooperativa denominada Kamaropa 9898, creada a través de la misión Vuelvan Caras, iniciando un desarrollo de un proyecto agro productivo con un enfoque de agricultura convencional poniendo en práctica una serie de técnicas agrícolas convencionales, en un área de veinte (20) hectáreas de ecosistemas de sabana, considerados estos como formaciones vegetales de mucha susceptibilidad ambiental por las características ecológicas que lo identifican, alterando el equilibrio natural de ese entorno biológico por el efecto principalmente por las actividades antrópicas.

El Núcleo de Desarrollo Endógeno de la comunidad 19 de Abril fue iniciado con la participación de 14 asociados, once (11) mujeres y tres (3) hombres, quienes están organizados bajo la figura de una cooperativa, quedando en la actualidad siete (10) asociados. Es de hacer notar que la actividad agrícola forma parte de la cotidianidad y estrategia de vida de este colectivo, cabe destacar que esta área nunca había sido cultivada ni intervenida. Es a partir del año 2004 cuando se inicia el proceso de movimiento de tierra y la deforestación para implementar un proyecto de desarrollo agrícola bajo un enfoque convencional

En relación los entes responsables del financiamiento, provino de diferentes fuentes de carácter público, como el Fondo de Desarrollo Agropecuario, Pesquero, Forestal y Afines (FONDAFA), Ministerio de Agricultura y Tierra (MAT), Corporación Venezolana de Guayana (CVG) y Fondo Bolívar, este último adscrito a la gobernación del estado Bolívar; el financiamiento total supera los 500 millones de bolívares, en cuanto a las infraestructuras fueron construidas por el Instituto Nacional de Desarrollo Rural (INDER), la asistencia técnica quedó bajo la responsabilidad de la Fundación de Capacitación e Innovación para el Desarrollo Rural (CIARA).

En la actualidad el Núcleo de Desarrollo Endógeno de la comunidad 19 de abril presenta las siguientes características en cuanto a su fortalecimiento productivo:

En cuanto a la   superficie de terreno poseen, veinte (20) hectáreas, improductivas, sin ningún desarrollo agrícola, la organización social, o cooperativa se encuentra desarticulada con cuatro (4) socios, quienes mantienen un control sobre las infraestructuras físicas y algunos implementos agrícolas, que se encuentran en el núcleo, como los galpones, pozo perforado, instalaciones de acopio presentes, tractor, sistema de riego, pero sin actividad productiva alguna, y un deterioro de las instalaciones y las maquinarias agrícolas. El núcleo de desarrollo endógeno fue apoyado financieramente por el Consejo Federal de Gobierno y Fondas en el año 2011 a través de la misión agro Venezuela y por el fondo endógeno en el año 2018, y se realizó una actualización de información agrícola productiva y social, por ministerio de las comunas en el año 2021, con el propósito de ser reactivado.

Al Núcleo de Desarrollo Endógeno de 19 de Abril tiene los siguientes límites:

Norte: El rio Marhuanta.
Sur: La autopista Leopoldo Sucre Figarela Ciudad Bolívar- Puerto Ordaz.
Este: El Caserío rural "Chaparral".
Oeste: Terrenos baldíos.

En el cuadro N°3 se presentan las coordenadas, que determinan el área de la superficie total que involucra la poligonal del Núcleo de Desarrollo Endógeno 19 de Abril

Cuadro N 3: Coordenadas UTM Núcleo de Desarrollo Endógeno de la Comunidad 19 de Abril

Puntos	Coordenadas U.T. M	
	Norte	Este
Co 1	309151	819575
Co 2	308921	820539
Co 3	309480	820602
Co 4	309382	820823
Co 5	309360	820856
Co 6	309661	820872
Co 7	309898	821296
Co 8	309362	820966
Co 9	309564	821272
Co 10	309868	823523
Co 11	309689	824256
Co 12	309866	826589
Co 13	309989	828162
Co 14	319789	826972

Fuente: Elaboración propia 2011

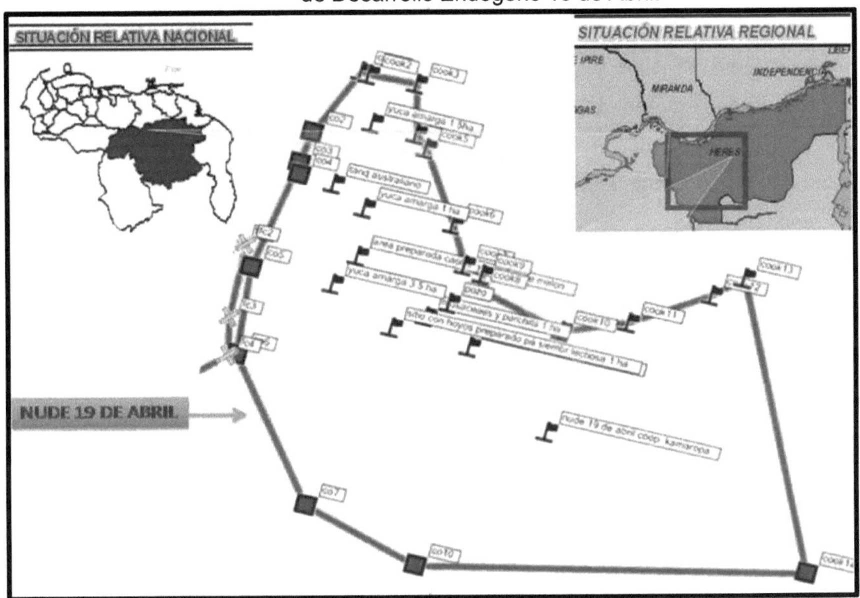

Fuente: Elaboración INTI Bolívar 2008

La caracterización del estado actual productivo del Núcleo de Desarrollo Endógeno de la comunidad 19 de Abril, es el resultado de un trabajo de aproximadamente siete (7) años de manera directa, participativa y vivencial, ya que, en sus inicios de conformación, participe como facilitadora del plan de desarrollo agrícola a implementar en el mismo. El análisis del estado actual del fortalecimiento productivo agrícola se realizó con el fin de identifica los aspectos productivos que le caracterizan para definirlos principios y líneas de acción del modelo de fortalecimiento productivo NUDE 19 como una contribución a las políticas públicas agrícolas del estado Bolívar.

Cabe destacar que el modelo para el fortalecimiento productivo en el núcleo de desarrollo endógeno de la comunidad 19 de abril, como resultado científico, busca transformar los aspectos dinámicos y de planificación de políticas públicas agrícolas con el fin de contribuir del desarrollo productivo agrícola del estado a través de los diversos programa y proyectos que se implementa para el desarrollo agrícola, dentro de los cuales se consideran los principios, modos de regulación y mecanismos de gestión, enfatizando el planteamiento de una nueva interpretación del objeto o de una parte del mismo mediante la revelación de nuevas cualidades o funciones que favorezcas el sector agrícola.

En este estudio la observación ha constituido método fundamental, integrado conceptual y procedimentalmente a otros como son el análisis de documentos, entrevistas, cuestionario, informantes claves y consulta especialistas que complementaron los datos e información sobre todo el núcleo de desarrollo endógeno de la comunidad 19 de Abril

De ahí que se usó la guía de observación, como instrumento, que permitió la identificación de las condiciones naturales del Núcleo de Desarrollo Endógeno como los recursos forestales, el ecosistema, la vegetación, las condiciones hídricas, el suelo, el paisaje, el relieve y la topografía del Núcleo de Desarrollo Endógeno, (anexo 5) el cual se apoyó además en procedimientos y los diarios de campo, registros de material fotográfico, que facilitaron develar las particularidades y características productivas de inicio para del establecimiento del núcleo de desarrollo endógeno.

Se implementó el uso de matriz de informantes claves con categorías seleccionadas inherentes al fortalecimiento productivo del núcleo de desarrollo endógeno, con los actores sociales, los cuales están formados por diez de los catorce (14) miembros de la cooperativa que conforma la organización social que integran el Núcleo de Desarrollo Endógeno, quienes a través de entrevistas no estructurada (anexo 1) se tiene resultados sobre la realidad productiva agrícola actual, otros aspectos que caracteriza. la situación social, agrícola, financiera, comunitaria y participativa en la toma de decisiones por parte de los miembros de la organización social conformada.

En cuanto al resultados de la observación participante de la realidad técnica y productiva del desarrollo rural de las instalaciones de las Políticas Públicas Agrícolas implementadas en el Núcleo de Desarrollo Endógeno, (anexo 6) arrojo la siguiente: ha sido principalmente objeto de desmantelamiento de algunas partes de las infraestructuras físicas como el techo y cercas de ciclón que conforman parte de los galpones para la cría de pollos de engorde y las cochineras, el pozo perforado y la acometida eléctrica, así como parte de las mangueras del sistema de riego y de la cerca perimetral que borde toda el área productiva del siendo también producto de irrupción no autorizada una parte de los miembros del núcleo afectando el área de la poligonal que caracteriza toda la superficie

En entrevistas estructurada realizadas a especialista en Políticas Públicas Agrícolas (anexo 2) de instituciones del Estado como el Fondo de Desarrollo Agrícola Socialista, el Consejo Federal de Gobierno y la Fundación Ciara, arrojaron lo siguiente resultados, las instalaciones físicas y la producción agrícola en el año 2014 fue apoyada financieramente por parte de fondo endógeno por un monto de cuatrocientos millones de bolívares (400.000.000), supervisión por un personal designado del Ministerio de las comunas y asesorado técnicamente por la Gran Misión Agro Venezuela en el año 2011, a través de la implementación de un programa de formación de brigadas para reimpulsar la actividad agrícola en el núcleo de desarrollo endógeno e incentivar a jóvenes de la comunidad a incorporarse al trabajo socio productivo.

La técnica del cuestionario (anexo 3) permitió indagar y conocer la situación de los elementos sociales, naturales, físicos y de fortalecimiento productivo, que caracterizan el Núcleo de Desarrollo Endógeno de la comunidad 19 Abril, destaca la primeramente la vegetación natural y cultivada presente en el sistema de producción presenta en algunos sectores una diferencia en abundancia, observándose que en unos lugares ha habido una intervención de deforestación principalmente corte de árboles maderables para aprovechar parte del recurso forestal del bosque de galería que bordea el Núcleo lo que lleva a la disminución del caudal en esa zona del cuerpos de agua (rio Marhuanta), una variación de la vegetación por los diferente sectores del Núcleo de Desarrollo Endógeno específicamente gramíneas y otras especies que abundan en las zonas intervenidas y la desaparición de especies autóctonas como el chaparro (*Curatela americana*) y el manteco (*Byrsonima crassifolia*) observándose que el productiva esta predominantemente dominada por especies graminiforme y enredaderas o leguminosas en condición de barbechos abarcando parte de las construcción de las infraestructuras.

Las principales especies vegetales predominantes del sistema de producción y el tipo de vegetación, para identificar las especies vegetales se revisaron y consultaron algunas claves taxonómicas y textos de especies vegetales predominantes en ecosistemas de sabanas estacionales no inundables

Estos resultados fueron validados a nivel de inventario con los trabajos realizados por participantes del diplomado en Agroecología y Desarrollo Sustentable de la Universidad Agraria de la Habana, con la metodología del Manual de Inventario de vegetación del Instituto Humboldt y por otras caracterizaciones de vegetación realizadas por funcionarios del Instituto Nacional de Tierras (INTI) en la misma unidad de producción del Núcleo de Desarrollo Endógeno donde se contactó constató que son especies propias de ecosistema de sabana con bosque de galerías no inundables

El análisis de documentos como él estudio del suelo, como elemento físico que garantiza la buena y principalmente la producción agrícola, se determinaron los siguientes resultados una alta proporción de arena gruesa en los primeros horizontes con abundante afloramiento rocoso, producto del lavado y arrastre de material de suelo de la capa superficial, que indica la baja fertilidad y escasa disponibilidad de humedad, que proporciona una deficiente nutrición a las plantas. Presenta una textura franco arenosas, con un potencial de Hidrogeno (pH) de 3,6 que indica que tienen alto contenido de acidez y de bajos contenido de materia orgánica, calcio, fosforo, sodio, magnesio, potasio y baja capacidad de intercambio catiónico.

El análisis de la caracterización del suelo del sistema de producción se analizó a través de la revisión de informe de análisis de suelo realizado por el instituto Nacional de Investigaciones Agrícolas (INIA Anzoátegui). Estos suelos según la Ley de Tierra y Desarrollo Agrícola (2008), en su Art.115 son de clase IV–VI, aptos para el desarrollo pecuario, forestal y algunos cultivos, según Casanova (2003). Son suelos considerados de muy baja fertilidad, pobres en materia orgánica y de macro y micro nutrientes que deben ser trabajados con la implementación de técnicas de conservación de suelos y agroecológicas para el mantenimiento y mejoramiento de las condiciones de fertilidad como la permeabilidad y drenaje del suelo del sistema de producción agrícola del Núcleo de Desarrollo Endógeno, también se determinó a través de práctica a nivel de campo y validada con las tablas de la calificación de algunas características físicas del suelo de la tabla de clasificación de suelos de América latina y el Caribe,1989, de la sociedad interamericana de estudio de suelos,

USDA. Es pertinente destacar que en análisis de documentos como el acta constitutiva de la cooperativa y el plan de inversión financiero revelaron los siguientes resultados: la cooperativa se encuentra vencida desde el año 2011 y no han realizado ningún trámite de actualización de esa figura social, se mantiene la misma estructura directiva

La revisión de algunos documentos como acta constitutiva y a través de informes técnicos, fichas de registros y proyectos de inversión, se recogieron los resultados siguientes en el caso de la tenencia de la tierra, son ejidos municipales, el lote de terreno fue adjudicado bajo la forma de comodato por un período de 25 años, a la cooperativa, quedando asentado en el acuerdo número 132, folios 384 al 386 protocolo primero, tomo VII en sesión ordinaria del Concejo Municipal del Municipio Angostura del Orinoco del Estado Bolívar, bajo el número 23, de fecha 27 del mes de octubre del año 2006, información que fue validada con el documento de protocolización de parte de la alcaldía del municipio Angostura del Orinoco.

Dentro de las actividades ejecutadas hasta el presente, según revisión de proyectos inversión para la producción agrícola para el Núcleo de Desarrollo Endógeno se presentan los siguientes resultados: Deforestación de diez hectárea, ejecutada tres, adecuación de tres hectáreas para construcción de potreros, no ejecutado, deforestación de una hectárea para construcción de viviendas, no ejecutado, construcción de tres galpones para cría de pollo de engorde, no están en producción, equipamiento e insumos para la cría de cerdos, no está en producción, entregado en un 100%, un tanque australiano construido para la cría de peces, no está en funcionamiento.

De igual manera se está en existencia dentro de las maquinaria de un implementos algunos agrícolas como el tractor y una rastra, se encuentran inoperativos, una empolvoradora, una abonadora, no se utilizan, las vías de acceso se encuentran ejecutadas en su totalidad   un pozo profundo realizado en 100%, en funcionamiento, utilizado para el sistema de riego, acometida eléctrica de tres kilómetros, en completo estado, financiamiento de tres hectáreas del cultivo de frijol (*Vigna unguiculata*) entregado en un 100%, financiamiento de cuatro hectáreas del cultivo de yuca

(*Manihot esculentus*) entregado en un 100%, financiamiento para una hectárea de lechosa ejecutado en un 100%.

Otros de los aspectos identificados por la autora a través de las entrevistas no estructuradas a los actores sociales como informantes claves, (anexo 1) radica en conocer las principales necesidades que poseen los miembros de la cooperativa en cuanto aspectos de carácter económico, social, político y organizacional que mantienen actitudes y posturas de iguales que han asumido a raíz de las medidas implementadas por parte de las instituciones públicas de Estado las cuales han tenido responsabilidad sobre ese proyecto, las cuales se podrían decir que han sido totalmente desvinculada de la realidad que originalmente caracterizo la creación del núcleo de desarrollo endógeno en la comunidad de 19 de abril desde el año 2004, bajo la misión vuelvan caras.

Es propio comentar que este proyecto productivo de política pública agrícolas se implementó de manera centralizada y descontextualizada con la aplicación de un modelo agrícola convencional, impactado un ecosistema prístino de sabana sin considerar los elementos naturales, sociales, culturales ni económicos de la comunidad., causando un impacto injustificadamente, sin conocer las condiciones para la productividad y producción agrícola que supone el proyecto de desarrollo endógeno a pesar del as medidas financieras asumidas por el Estado venezolano que generan pérdidas en los aspectos económicos, ambientales y sociales, y que no generan transformación de la conciencia del productor que redunden en mejora de las condiciones de seguridad alimentaria.

Analizada esta realidad se puede confirmar que en los actuales momentos sigue prevaleciendo la toma de decisión es sin consultar o tomar en cuenta la participación ciudadana y sin considerar elemento de carácter socio cultural que responden a las condiciones ecológicas y técnicas de cada localidad y de cada grupo social, así como también los aspectos físicos y naturales, pilares fundamentales de la sustentabilidad las cuales deben orientar cambios que contribuyan a un verdadero desarrollo de una agricultura más humana, manteniéndose el carácter intervencionista y centralizado de las políticas públicas agrícolas.

Esta situación sigue apuntalando propiamente hacia la falta de conocimiento de la realidad estudiada, que no permiten desarrollar estrategias que permitan a las comunidades rurales legitimar sus derechos sobre sus patrimonios y que aseguren la trasferencia y apropiación real de nuevos recursos tecnológicos para mejorar sus condiciones productivas.

Los resultados detallados obtenidos del procesamiento de la información en los instrumentos aplicados revelan las siguientes categorías:

- La nula participación de los habitantes de la comunidad 19 de Abril en las actividades de reimpulso agrícola del Núcleo de Desarrollo Endógeno en la comunidad 19 de Abril.
- El Desconocimiento de preparación técnica de producción agrícola.
- Debilidades en las interrelaciones sociales internas de la organización.
- Ausencia de las institucionalidades en las instalaciones del Núcleo de Desarrollo Endógeno.
- Falta de planificación productiva participativa comunitaria de los miembros de la cooperativa en las actividades agrícolas.
- La falta de seguimiento continuo y supervisión de instituciones.
- La debilidad en la gestión de supervisión y ejecución de las políticas públicas en espacios de desarrollo agrícolas.

En función de lo expuesto anteriormente se requiere que el modelo de fortalecimiento productivo para el núcleo de desarrollo productivo que oriente las nuevas estrategias en materia de la participación comunitaria productiva, economía social, la agroecológia y la sustentabilidad del mismo, que contribuya a las Políticas Públicas Agrícolas del estado Bolívar. Por lo tanto, se hace necesario los siguientes planteamientos:

- Se requiere de línea la direccionalidad socioproductiva en el Núcleo de Desarrollo Endógeno.
- Es necesario redefinir de nuevas estrategias en materia de producción agroecológica para el Núcleo de Desarrollo Endógeno referida a la capacitación técnica y científica con el desarrollo de capacidad es de aprendizaje.

- Difundir el sentido, finalidad estratégica y forma de organización de los núcleos de desarrollo endógeno como parte de la agenda nacional contemplada el plan de la patria 2019-2025.
- Reconocer los saberes locales de etnoagricultura, organización socio productiva con la finalidad de articular los saberes científicos y tradicionales.

La información recogida a través de entrevista a, una vez realizada la triangulación de datos, (Anexo 4) se precisó las condiciones técnico productivo que hacen posible la producción y se determinó que una de las debilidades de las Políticas Públicas Agrícolas, está relacionada con la presencia de prácticas burocráticas, que justifican por diversas razones:

1. Hemos heredado una cultura organizativa que responde a viejos paradigmas, e interese clientelares.
2. Las estructuras, las técnicas y los procedimientos administrativos no corresponden con los postulados constitucionales, con los planes de desarrollo y descontextualizados con los tiempos políticos.
3. Debilidad en la formación de hombres y mujeres con enfoques y prácticas antiburocráticas.
4. Las estimaciones y asignación son presupuestarias, se orientan por criterios contables de equilibrios, sin considerar su pertinencia político social su vinculación con las estrategias de desarrollo.

La transformación que genero la implementación de este proyecto agrícola para el desarrollo productivo en el Núcleo de Desarrollo Endógeno, de la comunidad 19 de abril, ocasiono la transformación del medio físico del ecosistema de sabanas, lo cual viene a desencadenar una serie de afectaciones de manera natural, algo característicos de los Políticas Públicas Agrícolas sin tomar en consideración elementos naturales y sociales, lo que ha sido uno de los objetivos principales del proceso de modernización en general del sector agrícola bajo esa concepción vertical de las Políticas Públicas Agrícolas, sin adecuación alguna de aspectos del medio rural y sus requerimientos, lo que ha sido una postura destacada de la agricultura agrícola, implementado actividades diversas para tales propósitos; deforestación masiva, nivelación de tierras, obras de riego y drenaje etc. así como entre otras relacionadas con la ocupación del espacio rural.

La validación de los instrumentos de recolección de información en fase diagnóstica fue desarrollada a través de la aplicación del Método Delphi (Anexo 8) y ANOCHI, estos fueron considerados para la construcción del Modelo para el Fortalecimiento Productivo en el Núcleo de Desarrollo Endógeno 19 de abril. Para el desarrollo del diagnóstico se utilizó una encuesta que antes de ser aplicada fue sometida al juicio de expertos, seleccionados a partir del método Delphi para valorar su aplicabilidad.

Para el procesamiento de estos criterios a partir de la valoración de los expertos seleccionados se utilizó el método ANOCHI que es una aplicación estadística no paramétrica que permite realizar estudios de confiabilidad al determinar la asociación entre (n) jueces al evaluar (k) criterios, los cuales reciben un valor de rango cuantitativo según una escala numérica. (Anexo 9)

En conclusión la metodología empleada en la planeación de Políticas Públicas Agrícolas sin abarcar las opiniones de los sujetos afectados, no solo violenta los derechos de las personas a disfrutar de un bien colectivo, sino que además deja insatisfechas necesidades prioritarias en las comunidades, razón por la cual, se considera pertinente escuchar, atender, jerarquizar y luego realizar la planificación de esas Políticas Públicas Agrícolas, a objeto de obtener la participación e involucramiento de las personas en sus procesos políticos.

MODELO PARA EL FORTALECIMIENTO PRODUCTIVO DEL NUCLEO DEDESARROLLO ENDOGENO 19 DE ABRIL: UNA CONTRIBUCION A LAS POLITICAS PÚBLICAS AGRICOLAS DEL ESTADO BOLIVAR

CAPITULO III. MODELO PARA EL FORTALECIMIENTO PRODUCTIVO DEL NÚCLEO DE DESARROLLO ENDÓGENO 19 DE ABRIL: UNA CONTRIBUCCION A LAS POLITICAS PÚBLICAS AGRICOLAS DEL ESTADO BOLIVAR

Estamos en un momento histórico que nos llama a mudar nuestras ventanas teóricas. Son muchos cambios los que debemos emprender para alcanzar el cambio, y quizá uno de los principales sea, como decía Gustavo Esteva, "cambiar la forma de cambiar". No podremos generar una revolución con la profundidad requerida en estos tiempos aciagos si seguimos usando los mismos marcos conceptuales que nos vende el sistema, pero tampoco si no mudamos los viejos moldes que siguen sin tomar en cuenta la experiencia de más de una centuria de actos rebeldes fallidos. Necesitamos dar un giro en nuestros empeños investigativos y políticos para realizar los desplazamientos teóricos exigidos en esta profunda crisis civilizatoria

En este capítulo se argumenta el modelo que se propone para el fortalecimiento productivo agrícola en el Núcleo de Desarrollo Endógeno 19 de abril, como una contribución a las Políticas Públicas Agrícolas del estado Bolívar. En este aspecto, se abordan los principios fundamentales del modelo, las líneas estratégicas y las fases que lo conforman, los factores y los fundamentos que se encuentran ligados a la propuesta presentada.

Por lo anteriormente expuesto, se asume una metodología que se dirija fundamentalmente a los métodos y vías que pueden ser utilizados partiendo de un diagnóstico determinado para alcanzarlos objetivos trazados. Para la investigación en curso, el materialismo dialéctico proporciona el basamento metodológico para interpretar de forma correcta las políticas públicas agrícolas como objeto de estudio de la investigación, se puede conocer cuáles fueron las condiciones históricas en que se manifestó, sus características y su desarrollo, por ello el método histórico lógico es el fundamental. La investigación, ocupa una concepción para abordar el diseño en el campo de las ciencias sociales al considerar como punto de partida esencial la validez externa del modelo, por otra parte, no se debilitan las exigencias al desarrollo de ciertos diseños, sino que se mantienen, pero se aprovecha la necesidad en ciencias sociales de tener una alta validez externa, para incluir como diseños experimentales

El modelo según Martínez, (1991) es toda construcción teórica que sirve para interpretar o representar la realidad o una parte de la realidad, una teoría científica es de por sí un modelo de la realidad natural que intenta explicar, pero a su vez, las teorías científicas recurren también a modelos. Este modelo concibe, como muy importante el diagnóstico de la situación que presentan los resultados científicos, así mismo el modelo como posible resultado científico, su construcción responde a la lógica del método de la modelación, que imita el proceso del conocimiento dialéctico, y cobra su valor metodológico precisamente al hacer consciente este proceso.

Alonso y Baeza, (1996) Se parte del objeto, se analizan las propiedades y características del mismo, se convierten en abstracciones (modelo), a partir de este último se hacen inferencias acerca del objeto y sus relaciones, y posteriormente se realiza la comprobación práctica como criterio de la verdad, cuya información permite corroborar la validez del modelo y por tanto acercarse más al conocimiento del original modelado Sánchez, (2001).

En el modelo como resultado científico, el investigador busca modificar el aspecto dinámico del desarrollo del objeto como principios, modos de regulación, mecanismos de gestión, enfatizando en el planteamiento de una nueva interpretación del objeto o de una parte del mismo mediante la revelación de nuevas cualidades o funciones, cabe destacar que el modelo es una construcción general dirigida a la representación del funcionamiento de un objeto a partir de una comprensión teórica distinta a las existentes.

Un modelo en la investigación implica revelar desde una perspectiva nueva de análisis, una manifestación hasta entonces desconocida que permite una comprensión más plena del objeto de estudio para resolver el problema y representarlo de alguna manera.

La investigación plantea un Modelo para el Fortalecimiento Productivo del Núcleo de Desarrollo Endógeno de la comunidad 19 de Abril: Una Contribución a las Políticas Públicas Agrícolas del estado Bolívar, donde se concatenen las decisiones o toma de acciones, intencionalmente coherentes, tomadas por diferentes actores, públicos y ocasionalmente privados cuyos recursos, nexos institucionales e intereses varían, a fin de resolver de manera puntual un problema políticamente definido como colectivo. Este conjunto de decisiones y acciones da lugar actos formales, con un grado de obligatoriedad variable, tendientes a modificar el comportamiento de grupos sociales que, se supone, originan el problema colectivo a resolver en el interés de grupos sociales que padecen los efectos negativos del problema en cuestión.

Por lo anteriormente planteado y analizando el sistema político venezolano, como estructura generadora de políticas públicas destinada a enfrentar retos y resolver problemas, podremos comprender las limitaciones, pero también los procesos de intervención pública para que la democracia pueda profundizarse o mejorarse. En este sentido evaluando la eficiencia de la democracia podemos saber cómo producir políticas promotoras de bienestar social generalizado.

Para el diseño del modelo se debe tomar en consideración los puntos más resaltantes del proceso productivo agrícola, tales como: planificación estratégica, administración, organización, formación, aspectos legales, motivación, el conocimiento de los participantes, además la experiencia del autor durante su estadía en las instituciones relacionadas con el tema, así como la obtenida como docente universitario en el ámbito de la agricultura. Esta propuesta, se ha venido cristalizado luego de un razonamiento lógico, en la medida que se amplía el ámbito cognitivo sobre el tema, haciendo ajustes importantes para lograr su consolidación, como un aporte para mejorar las condiciones de vida de las comunidades rurales

Para la implementación del modelo propuesto, se debe pensar en la transformación institucional, que permita transitar hacia la nueva visión sistémica, multidisciplinaria, descentralizada, con diversidad y flexibilidad, para superar las inercias y los obstáculos que frenan el buen funcionamiento de las políticas públicas agrícolas, la cual tiene como eje principal la satisfacción de las demandas que hechas por los pequeños y medianos productores agrícolas.

En relación a la dinámica participativa, debe estar condicionada por el dialogo real entre los actores involucrados, que desde una visión general del modelo de la investigación se puedan modificar, con el propósito de disminuir las discrepancias que se presenten, entre los responsables de dirigir las transformaciones y el productor o con los representantes del Poder Popular. En este orden de ideas, se hacen necesario que los dirigentes, técnicos, sociedad, políticos e instituciones, actúen de manera consciente, mediante la democratización de los elementos objeto de modificación y sus procedimientos, de tal manera que la información fluya libremente, estimulando la participación voluntaria; de no ocurrir de esa manera, se estaría reproduciendo el modelo que se quiere sustituir.

Con este modelo se procura mejorar el fortalecimiento productivo agrícola a través de la reorientación de la forma tradicional de la proyección, planificación, ejecución y la producción agrícola en el Núcleo de Desarrollo Endógeno de la comunidad 19 de abril, el cual se estableció desde el año 2004, con la misión vuelvan caras, como un programa y proyecto socio productivo comunitario de carácter agrícola, pecuario y forestal, cuya situación actual no ha garantizado la producción agrícola alguna que satisfaga las necesidades de los miembros de la organización social que labora en el núcleo de desarrollo endógeno (cooperativa KAMAROPA) ni a nivel de la comunidad.

Considerando que ante esa situación que presenta el Núcleo de Desarrollo Endógeno de la comunidad 19 de abril, se requiere la instrumentación de una producción fundamentada en un modelo productivo, que articule la acción de comunidades organizadas en unidades productivas con los agentes dinamizadores para reimpulsar los diferentes núcleos de desarrollo endógeno adecuadamente ubicados en el territorio Bolivarense.

A partir del análisis teórico desarrollado y las exploraciones empíricas realizadas, desde las posiciones filosóficas asumidas, ya planteadas anteriormente, se conceptualizan la Políticas Públicas Agrícolas en el modelo para el Fortalecimiento Productivo Agrícola en el Núcleo de Desarrollo Endógeno de la comunidad 19 de Abril, como proceso público de la puesta en práctica, así como el desarrollo de lineamientos agrícolas con la participación del Poder Popular como un factor clave para el empoderamiento de la gestión agrícola, promoviendo la autogestión y   el desarrollo del nuevo modelo de economía social, el cual da paso a la participación comunitaria junto al Poder Público para impulsar la economía desde lo local en el marco de las relaciones de corresponsabilidad y correspondencia, necesarias para el desarrollo endógeno de las comunidades

En este sentido esta investigación plantea un modelo para el fortalecimiento productivo para el Núcleo Desarrollo Endógeno 19 de abril; como un mecanismo fundamental que conlleve a elevar la producción agrícola y afianzar un nuevo paradigma productivo agrícola, reencontrando las bases de una agricultura más ligada al trópico se valore la tecnología tradicional de producción Foster, (2005).

Esta nueva perspectiva de transformación económica desde lo local, se sostiene bajo una visión holística, orientada en una concepción política, económica, social, territorial e internacional, regida por los principios de la democracia participativa, organización popular, desconcentración territorial y redistribución de la tierra, en un ambiente sano y productivo, mediante el incentivo de la producción nacional, la independencia, la pertinencia tecnológica, la soberanía alimentaria, cooperativismo, trabajo no dependiente, cultura local, equidad de género y comunicación libre para erradicar los valores propios de la economía capitalista impuesta a la población.

Por lo antes expuesto a continuación se menciona la definición de   cada categoría y su respectiva triangulación, lo cual es resultado de la elaboración propia de la autora de esta investigación (anexo 4), considerando que las condiciones categoriales se establecen como elementos que incide en la calidad de las políticas públicas agrícolas, lo que redunda finalmente en el bienestar de los productores y campesinos agrícolas, y a la importancia de la participación popular en la toma de decisiones para establecer los programa y proyectos que se materializan a través de las políticas públicas agrícolas a nivel nacional

3. Categorías del modelo para el fortalecimiento productivo en el Núcleo de Desarrollo Endógeno 19 de abril:

3.1 **La participación comunitaria directa en los procesos de formación y toma de decisiones**

3.1.1 Participación de los productores agrícolas en el desarrollo de proyectos agro productivos

3.1.2 Empleo de las prácticas y técnicas agrícolas conservacionistas propias de los productores de sector acordes

3.1.3 Reconocimiento de las organizaciones socio productiva comunitarias para el fortalecimiento del proceso agrícola

3.1.4 Articulación entre los conocimientos propios de los productores agrícolas: etnobotánica, derechos comunitarios, costumbres y expresiones culturales y los conocimientos específicos técnicos específicos del desarrollo agrícola.

3.1.5 Desarrollo de habilidades para establecer relaciones entre las experiencias individuales y comunitarias para la acentuación del desarrollo local

3.2 Planificación agrícola, corresponsabilidad e institucionalidad.

3.2.1 Condiciones para el encuentro y diálogo en función del desarrollo de las relaciones en el proceso de gestión de las políticas públicas agrícola

3.2.2 Espacios para el desarrollo de la gestión en el proceso de construcción de las Políticas Públicas Agrícolas para el Núcleo de Desarrollo Endógeno 19 de abril

3.2.3 Desarrollo de potencialidades, vocación productiva, tradiciones culturales de acuerdo a las exigencias comunitarias

3.2.4 Realización de actividades de planificación productiva que indiquen búsqueda de respuestas a las exigencias del fortalecimiento productivo agrícola del Núcleo de Desarrollo Endógeno

3.2.5 Espacios para promover el pensamiento agroecológico para el modelo productivo agrícola en el Núcleo de Desarrollo Endógeno 19 de Abril

3.2.6 Alcances de la cognición compartida que se proyecta en las acciones y producciones de las instituciones responsables del desarrollo agrícola

3.3 Desarrollo Endógeno

3.3.1 Vínculos del plan de desarrollo Simón Bolívar 2019-2025 con los proyectos de carácter agrícolas de desarrollados por los integrantes del Núcleo de Desarrollo Endógeno de la comunidad 19 de abril

3.3.2 Aplicación del conocimiento agroecológico en el desarrollo de los procesos productivos agrícola del Núcleo de Desarrollo Endógeno de la comunidad 19 de abril

3.3.3 Dominio de conocimientos acerca de la organización social y política del Núcleo de Desarrollo Endógeno de la comunidad 19 de Abril.

3.3.4 Superar la racionalidad arraigada de desarrollo exógeno artificial y cumplir con los decretos del Estado de apoyar el desarrollo endógeno

Según Boisier (2014), los núcleos de desarrollo endógeno son iniciativas productivas que emergen del interior de un territorio, sector económico o empresa, para aprovechar las capacidades, potencialidades y habilidades propias, con el fin de desarrollar proyectos económicos, sociales, ambientales, territoriales y tecnológicos, que permitan edificar una economía más humana, para una nueva vida económica del país. En otras palabras, el desarrollo de un territorio debe ser el resultado de esfuerzos endógenos

El desarrollo endógeno, propone la teoría territorial del desarrollo, es, además, una interpretación orientada a la acción, que permite a las comunidades locales y regionales enfrentar los retos que presenta el aumento de la competitividad y abordar los problemas que presente la reestructuración productiva, utilizando el potencial de desarrollo existente en el territorio

Para Vásquez (1999), el desarrollo endógeno puede entenderse como un proceso de crecimiento económico y cambio estructural por la comunidad. El desarrollo endógeno es, entonces, un proceso en donde lo social se integra con lo económico, dentro del cual se pueden identificar, al menos tres dimensiones:

• Económica: caracterizada por un sistema específico de producción que permite a los empresarios locales usar, eficientemente, los factores productivos y alcanzar los niveles de productividad que les permiten ser competitivos en los mercados.

• Sociocultural: donde los actores económicos y sociales se integran con las instituciones locales formando un sistema denso de relaciones que incorporan los valores de la sociedad en el proceso de desarrollo.

• Política: que se instrumenta mediante las iniciativas locales y permite crear un entorno local que estimula la producción y favorece el desarrollo sostenible.

La política de desarrollo endógeno propone una gestión descentralizada que se hace operativa a través de las organizaciones intermediarias que prestan servicios reales y financieros a las empresas y organizaciones. No se trata de facilitar fondos a las empresas, sino de dotar a los sistemas productivos de los servicios que las empresas demandan para mejorar su competitividad en los mercados y a la sociedad con los medios que favorezcan una mejor calidad de vida.

Por lo anteriormente expuesto se plantea que para diseñar el Modelo de Fortalecimiento Productivo del Endógeno Núcleo de Desarrollo 19 de Abril del municipio, se consideraron los fundamentos teóricos presentados en el capítulo I sobre los antecedentes históricos y las teorías que fundamentan las Políticas Públicas Agrícolas, y además las características actuales de la producción agrícola del Núcleo de Desarrollo Endógeno 19 abril en la actualidad, mostradas en el capítulo II, ya que son fundamentales como elemento prioritario para impulsar la producción de alimentos agrícolas, con el desarrollo de proyectos de carácter agro productivos que satisfagan la necesidades de alimentación de la sociedad, teniendo en cuenta la básica administración, supervisión y trabajo en armonía con el sistema ambiental.

El capítulo III se traza los principios, elementos contextuales, dimensiones, las líneas de acciones estratégicas, componentes y las etapas del modelo. Para diseñar el modelo, se razono bajo los fundamentos y aportes teóricos desde una nueva visión epistémica de las políticas públicas de autores como Monedero, Dussel, De Sousas Santos y Lahera, que generan ese nuevo saber que retroalimenta esas prácticas que va conformando esa nueva matriz, que no es más que un modo de mirar diferente y de pensar la realidad, consiente en el modo propio y peculiar, que tiene un grupo humano, de asignar significados a las cosas y a los eventos, es decir, en su capacidad y forma de simbolizar la realidad desde el contexto sociocultural.

Estos aportes de los teóricos de la filosofía antes mencionados y otros como Lanz, Rosth, Subirats y Felcman, nutren esa nueva matriz epistémica con sus contribuciones a las políticas públicas, que nos muestran el camino a seguir para producir conocimiento en el terreno de las políticas públicas, estamos de acuerdo con sus planteamientos, como un camino a transitar, cargado de ideas de la confluencia de saberes, del diálogo entre saberes donde juegan un rol protagónico trascendental estos autores, utiliza como método la lógica dialéctica en donde las partes son comprendidas desde el punto de vista del todo, y éste, a su vez, se modifica y enriquece con la comprensión de aquéllas

Esta investigación propone un modelo participativo e innovativo, que según Valles (2011), es la representación de aquellas características esenciales del objeto de estudio que se investiga, que cumple una función heurística, ya que permite descubrir y estudiar nuevas relaciones y cualidades de ese objeto de estudio con vista transformar la realidad. Así mismo las políticas públicas vista como ese conjunto de acciones relacionada con el objetivo definido en forma democrática que son desarrollados por el sector público y con la participación de la comunidad.

El modelo de producción agrícola en el Núcleo de Desarrollo Endógeno 19 de Abril desde sus inicios estuvo orientado en la producción agrícola del monocultivo y en el uso indiscriminado de insumos y tecnología convencional apuntando hacer totalmente insostenible e ineficiente para satisfacer las necesidades básicas de los participantes de ese proyecto, así como la explotación de los recursos naturales, atento contra la diversidad genética de ese ecosistema, trayendo como consecuencia la aceleración de la erosión del suelo, contaminación de cuerpos de agua y alteración del equilibrio natural del paisaje.

Este modelo para el fortalecimiento productivo en el Núcleo de desarrollo Endógeno 19 de abril esboza una particular combinación e interrelaciones de elementos inherentes a las Políticas Públicas Agrícolas, que las instituciones utilizan para obtener un resultado en términos de objetivos previamente definidos, presenta además una concatenación de acciones que deben ser tomadas por los principales autores, cuyos recursos, nexos ,institucionales a fin de resolver de manera puntual una situación problemática definido como colectivo.

Dentro de los elementos que fundamentan el modelo para el fortalecimiento productivo del Núcleo de Desarrollo Endógeno 19 de abril, se tiene a la participación comunitaria, clave para el desarrollo endógeno. Conscientes de las dificultades presentes en las organizaciones del Poder Popular por la falta de recursos, experiencias y preparación técnica en torno a las Políticas Públicas Agrícolas, es necesario propiciar espacios de participación para alcanzar una eficiente gestión de las Políticas Públicas Agrícolas y fortalecimiento de las organizaciones de proyectos y programas socio productivas, en el marco de un modelo de desarrollo endógeno

Como elemento preponderante, este modelo también contempla la cultura organizacional conjunto de comportamientos, valores y presunciones básicas que un grupo humano consolida, como consecuencia de procesos de toma de decisiones considerados apropiados para la resolución de problemas en un período prolongado de tiempo Schein, (2010), componente que orienta   al cumplimiento de objetivos y metas ya que los resultados y progreso dependerán de ellos.

Felcman, (2004). En primera síntesis el modelo parte de una direccionalidad metafórica muy general e integral que permita explicar el mayor número de propiedades y relaciones fundamentales del enfoque de sistema que ubica los diferentes elementos conceptuales del modelo y las respectivas interacciones que se deben dar dentro del sistema, así como también los principios y dimensiones que caracterizaran el modelo de políticas públicas agrícolas para el fortalecimiento productivo del Núcleo de Desarrollo Endógeno 19 de abril, vinculados todos a contribuir a los procesos de cambios para hacia la transformación de la sociedad dominante en una sociedad racional, justa y humana. Es necesario salir de las concepciones tradicionales y de mostrar otros conceptos, que sirvan de constructos teóricos al conocimiento de las Políticas Públicas Agrícolas. Así mismo, se representa la direccionalidad que orienta el modelo de fortalecimiento productivo para el Núcleo de Desarrollo Endógeno 19 de Abril. (Figura 3)

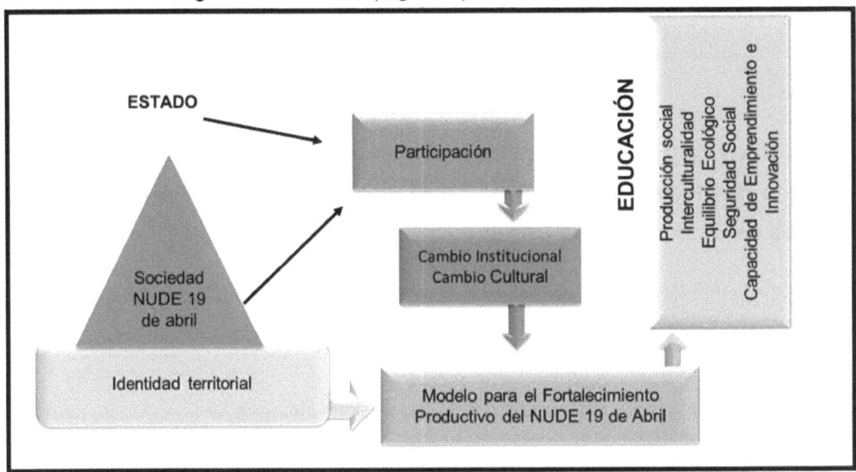

Figura 3. Direccionalidad del Modelo para el Fortalecimiento Productivo Agrícola en el Núcleo de Desarrollo Endógeno 19 de Abril.

La direccionalidad de este modelo desde lo participativo y protagónico localmente está ligada a la participación y fortalecimiento de las capacidades de los actores claves, de los cambios institucionales y culturales, consciente de la vulnerabilidad de los sistemas productivos y el desarrollo de capacidades para la adaptación, para poder tributar al modelo de desarrollo endógeno y soberano. La Constitución de la República Bolivariana de Venezuela, expresa en sus principios el desarrollo de la democracia participativa, cambiando radicalmente los principios de representatividad e intermediarios y gestores de las políticas públicas y sus acciones, por los principios de participación ciudadana, corresponsabilidad y cooperación, donde el poder popular debe asumir la gestión pública, a través de la organización comunitaria y el diseño, ejecución y evaluación de políticas que favorezcan la elevación de su calidad de vida.

Para este Modelo, el Estado mismo, quien decreta las Políticas Públicas a través de los programas e instrumentos que orientan la acción del Estado mismo, parte del principio que establece la CRVB, 1999, de carácter participativo y protagónico, con una visión consistente desde lo dinámico, funcional y abierta la sociedad con sus instituciones y organizaciones que participan en la gestión de las políticas públicas desde cualquier identidad territorial pueda conducir a la transformación de su realidad considerando la sustentabilidad de sus recursos e impulse a un verdadero desarrollo endógeno

3.2 Principios y líneas de acciones del modelo para el fortalecimiento productivo del Núcleo de Desarrollo Endógeno de la comunidad 19 de Abril Municipio Angostura del Orinoco estado Bolívar.

Desde la Constitución de la República Bolivariana de Venezuela, así como en sus directrices emanadas de los planes del Estado para el desarrollo económico y social del país, proporcionan las orientaciones para establecer los principios generales del modelo de políticas públicas agrícolas, considerando en tal sentido:

• La corresponsabilidad como elemento fundamental, donde todos los ciudadanos formen parte de la toma de decisiones y planteamientos del Estado.

• Equidad social: La gestión de las políticas públicas agrícolas debe atender sin discriminación, todas las necesidades del Núcleo de desarrollo endógeno 19 de Abril, facilitando la incorporación de las instancias comunitarias en igualdad de oportunidades en todas las etapas de la gestión de las políticas públicas agrícolas

- Nueva institucionalidad: La reestructuración de la institucionalidad política burocrática, que garantice del desarrollo de planes desde una planificación participativa del trabajo en equipo y la simplificación de los trámites

- La participación comunitaria: Las políticas públicas agrícolas debe promover la participación del Poder Popular como elemento determinante y característico de una nueva cultura ciudadana que se ajusta a una visión de democracia socialista, que asume al actor comunitario como el pilar fundamental en el abordaje y solución de sus problemas cotidianos.

- Cultura del liderazgo. Las políticas públicas agrícolas deben impulsar estrategias educativas que permitan fracturar la visión del liderazgo dominado por una nueva construcción de una racionalidad desde una cultura participativa y de gestión.

- Capacidad de emprendimiento: El desarrollo de las líneas estratégicas de las políticas públicas agrícolas en el NUDE 19 de abril con visión integral impulsa el uso óptimo de recursos financieros, humanos, administrativos, y técnicos necesarios, a través de una política pública que se sustenta en la participación y protagonismo de las organizaciones del Poder Popular y garantiza mejores resultados.

- Desarrollo endógeno: se inscribe en un esfuerzo por cambiar las estructuras que dan origen a las injusticias y desigualdades, se procura un desarrollo agrícola comunal en armonía con el ambiente, mediante la activación de organizaciones socio productivas y la descentralización y trasferencia de servicios a las instancias del Poder Popular, para potenciar la producción de alimentos, el uso eficiente de los recursos y de materias primas y las condiciones de vida y un ambiente sano.

- Articulación entre actores: Fortalecer la concertación e interrelación entre los entes públicos municipales, regionales y nacionales, el sector privado y las organizaciones del Poder Popular, en función de asumir el enfoque integral y sistémico de las políticas públicas agrícolas del Núcleo de desarrollo endógeno e 19 de Abril, como una estrategia unificadora de esfuerzos.

Estos principios considerados por la autora para el modelo, develan el conjunto de valores y la cultura comunal compartida sobre la que se desarrollarán las líneas de acción del modelo, dirigidas al desarrollo endógeno y procesos de cambios en el Núcleo de desarrollo endógeno 19 de Abril en beneficio de la comunidad organizada.

Resalta entre estos principios la participación de todos los actores involucrados en el proceso de planificación, supervisión y la aplicación o ejecución de las políticas públicas agrícola, con el objetivo de activar su sentido de identidad, pertenencia y compromiso en la gestión, en busca de nuevas alternativas para el fortalecimiento productivo agrícola del Núcleo de desarrollo endógeno.

Las líneas de acciones se plantean como la orientación y organización de las diferentes actividades que se relacionan con la configuración de las políticas públicas agrícolas, y giran en torno a la integración y continuidad de esfuerzos conscientes, coherentes y sistemáticos entre los actores involucrados.

En tal sentido, las líneas de acciones propuestas son:

• Fomentar la cultura organizacional y participación comunitaria: ciudadanos conscientes y sensibilizados con la   gestión de las políticas públicas agrícolas   en el NUDE 19 de abril, capaces de participar desde distintas formas de organización del Poder Popular en los procesos de requerimientos y administración de los recursos y producción de actividades productivas agrícolas para una mejor producción de alimentos.

• Impulsar el pensamiento agroecológico en el desarrollo de los procesos productivos del NUDE 19 de abril: en el marco del desarrollo sustentable en el ámbito agrícola, buscar el aprovechamiento de la tierras ociosas, vinculando el conocimiento científico técnico con los saberes populares en la tradición conuquera, donde se reivindique lo nuestro, la recuperación y preservación de la biodiversidad, manejo integral del suelo y el agua, preservación de semillas autóctonas, el uso de abonos orgánicos, los biofertilizantes y manejo integral de plagas y enfermedades.

• Proponer la producción social: la construcción de una nueva concepción de lo que debe ser la producción de bienes y servicios y combatir el trabajo alienado, impulsando el trabajo como una actividad libre y liberadora

• Establecer planes de formación permanente educativa para los actores involucrados: impulsar el proceso de formación, construcción y desarrollo de una nueva mentalidad a través de la formación del hombre integral, crítico, autónomo y democrático, tratando de desarrollar habilidades y destrezas múltiples superando el monopolio y la jerarquía del saber.

• Promover las relaciones sociales comunitarias: es indispensable proponer una asociación entre iguales, que respondan a las satisfacciones de necesidades comunes que se contextualice el modelo de gestión pública.

3.3 Caracterización del Modelo para el Fortalecimiento Productivo del Núcleo de Desarrollo Endógeno de la comunidad 19 de Abril Municipio Angostura del Orinoco estado Bolívar.

Considerando los principios y las líneas estratégicas que debe seguir la producción agrícola en el NUDE 19 de abril, se plantea una caracterización del proceso del Modelo para el fortalecimiento productivo del Núcleo de Desarrollo Endógeno 19 de abril, en el que se muestra la interrelación de los principios, las líneas estratégicas, con sus entradas y salidas (figura 4).

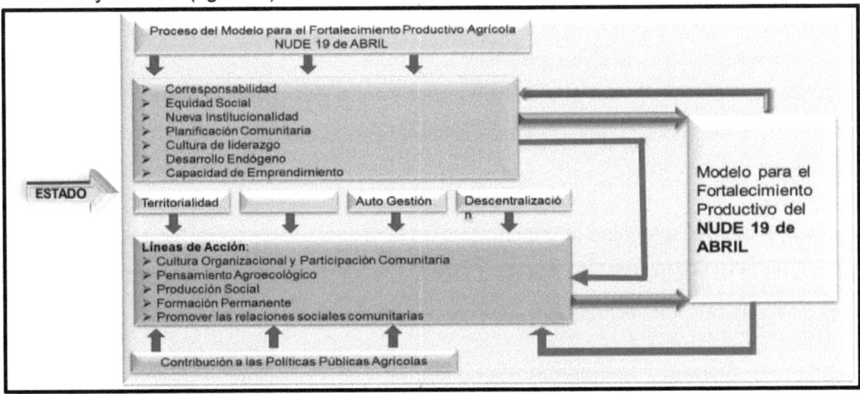

Figura 4. Caracterización del Modelo para el Fortalecimiento Productivo en el Núcleo de Desarrollo Endógeno de la comunidad 19 de Abril

Los principios y las líneas de acciones se interrelacionan dentro del modelo de modo tal que condicionan la dinámica bajo la que se desarrollarán las diferentes de Abril actividades del proceso de gestión de política públicas agrícolas. A medida que estos se transforman y recrean en el contexto de la realidad del Núcleo de Desarrollo Endógeno, se irán incorporando nuevos principios, líneas y actividades al proceso de contribución a las políticas pública agrícolas. Las interrelaciones constituyen el proceso que, permiten a la organización social del Núcleo de Desarrollo Endógeno, centrar su atención sobre áreas de resultados que son importantes conocer y analizar para el control del conjunto de actividades y para conducir a la organización hacia la obtención de los resultados deseados, en el marco de excelente gestión de las políticas públicas.

En particular los participantes del núcleo de desarrollo endógeno 19 de abril han estado conscientes de las dificultades presentes en las organizaciones del Poder Popular por la falta de recursos, supervisión, experiencias y preparación técnica en torno al tema, por tal motivo, es necesario propiciar espacios de participación, garantizar la descentralización y trasferencia de los recursos de producción agrícola que aseguren el financiamiento de iniciativas vinculadas, y lograr la conexión entre actores de carácter público, privado y comunitario, para alcanzar una eficiente gestión de las políticas públicas agrícolas y fortalecimiento de las organizaciones socio productivas y Poder Popular, en el marco de un modelo de desarrollo endógeno sustentable que contribuya a la producción de alimentos y aprovechamiento de recursos.

Dentro de las interrelaciones que se deben dar dentro del modelo, vienen a fortalecer los elementos del marco contextual que materializan el modelo propuesto, las cuales contempla:

a) Activar la instancia técnica administrativa de la organización social (cooperativa) en el marco de la estructura del núcleo de desarrollo endógeno 19 de abril para la gestión de las políticas públicas agrícolas

b) Elaborar planes y estrategias comunitarias contextualizadas y acordes a las políticas públicas agrícolas para el Núcleo de Desarrollo Endógeno 19 de abril, de acuerdo a lineamientos de los planes de desarrollo estratégico de la nación en materia agroalimentaria y de desarrollo rural.

c) Considerar la transferencia desde las organizaciones de base del Poder Popular los acuerdos para la concreción de la gestión de las políticas agrícolas para el Núcleo de Desarrollo Endógeno 19 de Abril

d) Considerar dentro del modelo de políticas públicas agrícolas estudios de factibilidad técnico-económica-financiera adaptado a la realidad productiva el Núcleo de Desarrollo Endógeno 19 de Abril

h) Desarrollar estrategias de comunicación e información dirigidas a promover la organización y participación de la comunidad 19 de abril en las Políticas Públicas Agrícolas para el Núcleo de Desarrollo Endógeno

i) Impulsar, desde la comunidad, la educación no formal destinada a promover ideas sobre la construcción de las políticas públicas agrícolas para el NUDE 19 de abril.

j) Consolidar a través de la participación de las instituciones responsable del desarrollo agrícola y su máximo organismo rector el Ministerio de producción agrícola y tierras y las instituciones adscritas, la actualización y adecuación de las políticas públicas agrícolas en el Núcleo de Desarrollo 19 de Abril.

3.4 Marco contextual que orienta el modelo para el fortalecimiento productivo del Núcleo de Desarrollo Endógeno de la comunidad 19 de Abril. (figura. 5)

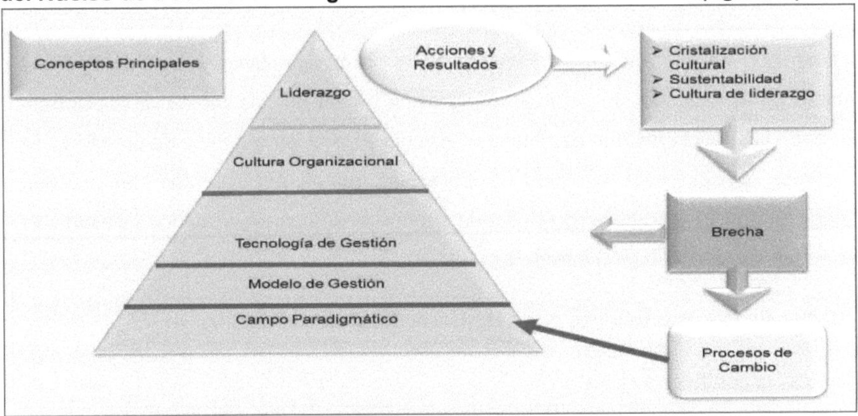

Figura 5. Marco contextual que orienta el Modelo para el Fortalecimiento Productivo en el Núcleo de Desarrollo Endógeno 19 de Abril.

Plantea el modelo, que la comunidad de 19 de abril de manera participativa y organizada empiecen a involucrarse en la organización y funcionalidad de la estructura económica del NUDE, a partir de la administración de los recursos el desarrollo de alguna actividad productiva, como la utilización de medios biológicos para el control de plagas y enfermedades, la preparación de los abonos orgánicos a través del reciclaje o la reutilización de residuos de cosechas y la recuperación los materiales secundarios y promueva e impulse el desarrollo endógeno desde el mismo NUDE, considerando una red social de actores comunitarios y representantes del gobierno que actúan articulados en función de mejorar la calidad de vida de las comunidades bajo la figura de modelos socio productivos autogestionarios.

Por tal motivo en este contexto de incertidumbre creciente y de urgencia en la búsqueda de soluciones viables y generadoras de consenso, los actores políticos-administrativos requieren, más que nunca, de análisis que pongan en perspectiva las posibles alternativas y variables en los procesos de modernización del modelo productivo agrícola.

3.5 Dimensiones del modelo para el fortalecimiento productivo del Núcleo de Desarrollo Endógeno de la comunidad 19 de Abril Municipio Angostura del Orinoco estado Bolívar.

Las dimensiones contempladas en el desarrollo del modelo, que se explican a continuación, deben cumplirse para garantizar resultados positivos en su ejecución

• Dimensión política: desde esta instancia, se da cumplimiento y concreción en el proceso de formulación de políticas públicas, a través de una metódica implicante, cubriendo las peticiones que establece el artículo 9 de la ley orgánica de planificación en primer aspecto está planteado superar las raíces estructurales del proceso deslegitimados de la política, es necesaria superar la enajenación política y desarrollar una nueva cultura política, a través de:

✓ La planificación de acciones que apunten al desarrollo endógeno

✓ Ejercer la contraloría social

✓ Promover la formación ciudadana de la población

✓ Propiciar la práctica de los principios de la democracia participativa

El modelo para el fortalecimiento productivo en el NUDE 19 de abril, implica una nueva manera de establecer y hacer la política necesaria con y la inserción del Estado como máxima autoridad de elaboración de las políticas públicas agrícolas a nivel local, regional y nacional con la dinámica cotidiana de las personas.

Se espera contribuir a la sustentabilidad a las políticas públicas agrícolas a través de este modelo al Núcleo de Desarrollo Endógeno 19 de abril, articulando las instancias ministeriales y sus organismos tutelares u organizaciones adscritas

• Dimensión económica: hace referencia a la apropiación y reinversión de parte del excedente a fin de diversificar la economía del territorio a la capacidad interna del sistema para generar sus propios cambios e impulsos tecnológicos.

• Dimensión educativa: La capacitación, formación y la investigación son indispensables a fin de conseguir, a nivel comunal y local, un fortalecimiento duradero de las capacidades para la gestión se plantea la necesidad de cambiar hábitos comunitarios y propiciar la participación de las comunidades organizadas en torno a núcleo de desarrollo endógeno 19 de abril y su propósito. Modificar los hábitos a través de la sensibilización de las personas y su incorporación en la participación de actividades y proyectos socios productivos además de promover la participación de las instituciones o entes públicos que direccionan las políticas públicas agrícolas en el espacio geográfico del municipio se requiere de planes de concientización y sensibilización e iniciativas de acción conjunta

• Dimensión cultural: se trata de un proceso que involucra variables asociadas al saber, los valores, los hábitos, las costumbres, la responsabilidad ciudadana, el arraigo, y el accionar comunitario.

- Dimensión social: donde los actores económicos y sociales se integran con las instituciones locales formando un sistema denso de relaciones que incorporan los valores de la sociedad en el proceso de desarrollo.

- Dimensión territorial: Se trata de promover la descentralización de la población nacional, impulsando los núcleos de desarrollo endógenos, como espacios para la actividad económica social, político, cultural, donde se incremente la ocupación de la superficie nacional, a través de incremento de los recursos de apoyo a la producción, en particular al sector agrícola mejorando condiciones de soportes físicos como infraestructura de riego, vialidad rural, centros de almacenamiento, mejoras de servicios públicos y de las condiciones ambientales, en la perspectiva sustentable.

Figura 6: Dimensiones del Modelo para el Fortalecimiento Productivo en el Núcleo de Desarrollo Endógeno 19 de Abril.

3.6 Etapas del modelo para el fortalecimiento productivo del Núcleo de Desarrollo Endógeno 19 de Abril

Las etapas planteadas para el desarrollo del modelo buscan una reestructuración general de la misión de las políticas públicas agrícolas, concretando un nuevo modelo de gestión con planificación participativa y sinergia y concurrencia en los planes, programas y proyectos vinculados al sector agrícola.

El modelo se clasifica en 4 etapas que describen en forma sistémica la secuencia de acciones para la configuración del fortalecimiento productivo del Núcleo de Desarrollo Endógeno de19 de abril, estas etapas permitirán revisar, evaluar, analiza y reflexionar sobre el proceso productivo agrícola

1. Etapa: Concepción de la necesidad para la conformación de la organización y participación comunitaria de los actores claves (cooperativistas), el poder popular y las instituciones u organismos del Estado con competencia en materia agrícola

2. Etapa: Organización socio productiva - cultural de la organización comunitaria, correspondiente a la realidad, las potencialidades, fortalezas y necesidades del sector comunitario según su contexto ambiental

3. Etapa: Planificación participativa de las actividades través de proyectos comunitarios con pertinencia de transformación social con la participación del poder popular, instituciones y organizaciones del Estado

4. Etapa: Ejecución y seguimiento de las actividades agro productivas y proyectos socio productivos comunitarios establecidos en el núcleo de desarrollo endógeno de comunidad 19 de abril

En cada una de las etapas se involucran elementos claves transversales que se interrelaciona entre cada uno de los componentes del modelo entre los cuales se consideran:

• Formación y sensibilización comunitaria.

• Arraigo cultural

• Reconocimiento de las necesidades comunitaria

• Cooperación comunitaria

• Administración, organización y capacitación

3.7 La estructura del modelo para el fortalecimiento productivo agrícola en el Núcleo de Desarrollo Endógeno de la comunidad 19 de abril, (figura 7).

La estructura del modelo posee una concepción dinámica dirigida a la visión nueva de las   políticas públicas agrícolas impactando desde la organización social, formación, investigación, participación, creación colectiva en un escenario de confianza y cooperación comunitaria, identificación, arraigo cultural y reconocimiento de las fortalezas, debilidades, roles y funciones que lleva la incorporación de todos los actores sociales claves para iniciar un proyecto de desarrollo agrícola

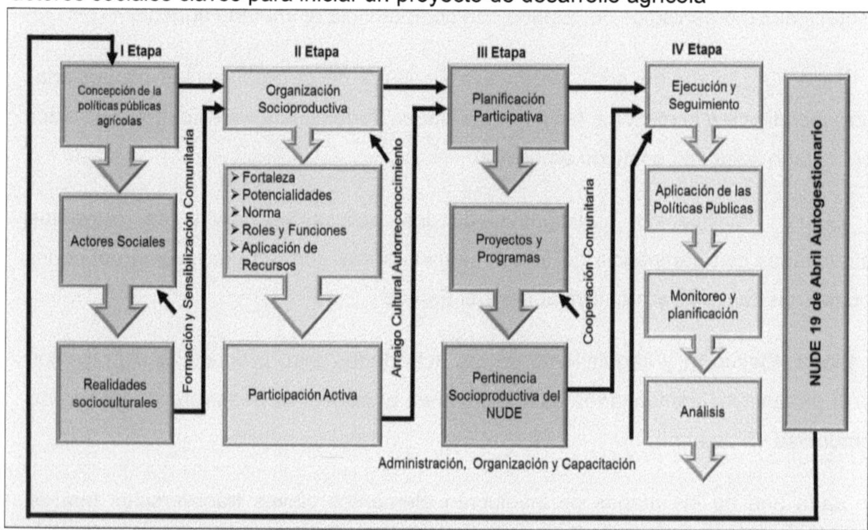

Figura 7: Estructura del Modelo para el Fortalecimiento Productivo en el Núcleo de Desarrollo Endógeno 19 de Abril.

Se trata de pensar en la transformación institucional, que permita transitar hacia la nueva configuración de las políticas públicas agrícolas de manera sistémica, multidisciplinaria, descentralizada, con diversidad y flexibilidad, para superar las inercias y los obstáculos que frenan el buen funcionamiento de las políticas públicas agrícolas. La articulación de las instituciones debe entenderse como la forma en que éstas se interrelacionan para buscar la mayor operatividad posible, conociendo los distintos procesos y convenios existentes.

Las etapas se ejecutarán a mediano y largo plazo para garantizar la efectividad de la adopción de algunas prácticas a nivel de los actores sociales claves acordes a sur realidad de su contexto sociocultural, ya que existen elementos de carácter organizacional, de costumbres, de valores como responsabilidad, que no son fáciles de asumir o transformar a corto plazo, se espera que cada etapa se cumpla en el tiempo y espacio que le corresponda.

Se busca también desde la primera etapa del modelo, asumir una postura de reconocimiento de la concepción de las políticas públicas agrícolas, vincularla con la formación y sensibilización comunitaria estará relacionado con el trabajo con el fin de armonizar con las actividades productivas propias del desarrollo agrícola local, a través de la orientación y formación permanente.

Una vez culminado el diseño del modelo para el fortalecimiento productivo del Núcleo de Desarrollo Endógeno 19 de abril, la validación es a través del juicio experto, para valorar la posibilidad de su aplicabilidad al mismo tiempo se consultara a especialista en el área de políticas públicas agrícola del Estado en el marco del desarrollo de la producción agrícola y estrategias comunitarias productivas agrícolas en el municipio, a quienes se les hizo entrega de la propuesta para realizarla validación del modelo propuesto ,con el propósito de que su criterio permita recibir observaciones para mejorar el instrumento y/o validarlo para su posterior aplicación.

Cabe resaltar que los criterios para la elección de los especialistas en políticas públicas agrícolas fueron intencionales debido al conocimientos y manejo administrativos que durante mucho tiempo estos diestros han desempeñados en el sector agrícola.

CONCLUSIONES

El análisis de profundización sobre el fortalecimiento productivo en las comunidades rurales a través de las diversas políticas públicas agrícolas que se han implementado requiere de una disposición que devele la necesidad de conceptualización y modelación acerca del proceso de gestión de las políticas públicas agrícolas, para favorecer la seguridad alimentaria y el desarrollo endógeno local agrícola.

La visión sesgada de la falta de planificación y participación del trabajo desde las comunidades rurales, como elementos de relación con el proceso de políticas públicas agrícolas unido a la ausencia de un modelo que guíe la labor agronómica, dificultad la producción agrícola y el desarrollo endógeno local.

Una adecuada articulación de la acción de las políticas públicas agrícolas con el sector privado potencializa sus contribuciones individuales y facilita que la primera se concentre en los puntos neurálgicos del sistema alimentario.

Los efectos desfavorables de Políticas Públicas Agrícolas, impuesto evidencia la reducción considerable de la superficie cultivada por habitantes subestimándose el papel de la agricultura en la economía nacional, incrementándose deliberadamente las importaciones agrícolas hasta un punto tal que impulsa el éxodo rural.

Las Políticas Públicas Agrícolas sesgada de las frugalidades y entornos comunitarios han desestimado la rica diversidad eco comunitarios que existe en Venezuela, la cual constituye una ventaja comparativa para asumir la d diversificación de la agricultura a nivel nacional, ya que en cada uno de los espacios del territorio nacional se presentan variadísimos ecosistemas que con buen manejo agroecológico se pueden implementar una cultura agrícola rescatable, sujeta a procesos de revalorización.

Es necesario la validación y ajustes de tecnologías alternativas de manejo conservacionistas o agroecológicas dentro de las Políticas Públicas Agrícolas, que contribuyan con la sostenibilidad de los sistemas de producción y con un uso más eficiente de los insumos.

Así mismo la participación e involucramiento de diferentes actores, y la relación entre ellos, reconociendo las diferencias territoriales del país que son clave para la sensibilización y priorización de las Políticas Públicas Agrícolas.

RECOMENDACIONES

1. Generar cambios radicales en las dinámicas sociales, en la formación de políticas públicas agrícolas innovadoras con visión territorial, a través de la democratización de las tierras y espacios productivos con vocación agrícola, la gestión del conocimiento y la organización social, que tributen a transformación productiva agrícola sobre las condiciones y bienestar de vida de los grupos humanos directamente involucrados en los procesos del área rural

2. Establecer una nueva cultura nacional de la agrícola sustentable, a través de la revalorización de la agricultura que tribute al funcionamiento de las políticas públicas agrícolas y al mejoramiento y la adecuación del medio físico, que en la actualidad están sometidos al trabajo continúo mecanizado, causando problemas de erosión, compactación y deforestación afectando de gran manera a la biodiversidad y los diversos agroecosistemas

3. Plantearse el tema de ser potencia agrícola a través del desarrollo de un conjunto de políticas públicas agrícolas acorde a las planificaciones comunitarias que den respuestas a las necesidades productivas a pequeña escala y alto rendimiento, con miras a generar una economía agrícola viable al servicio de una sociedad productiva.

4. Considerar dentro del contexto de las políticas públicas agrícola la agroecología, acordes con una visión ecológica, tecnológica y económicamente sostenible de la agricultura para una transición de agro tóxicos o químicos para lo biológico, para avanzar en la reconversión y transformación de su aparato productivo y disminuir la heterogeneidad estructural que dimanan, que se propagan y refuerzan en virtud de unas políticas públicas agrícolas encuadradas en la incorporación de tecnologías modernizantes

5. Viabilizar el desarrollo agrícola a las necesidades reales de los productores, en función de ajustar las investigaciones a la problemática agrícola real de la región, priorizando un cuadro orgánico de prioridades de investigación

6. Las Políticas Públicas Agrícolas deben estar plasmado desde lo endógeno, donde se garantice una huella humana en la biosfera, que no comprometa los recursos del entorno comunitario, dónde el centro de acción sea el área de influencia de las comunas, constituido a partir del reconocimiento de un mapa societario social local, reconociendo las identidades culturales, económicas e histórica.

REFERENCIAS BIBLIOGRAFICAS

Aguilar, L. 1992. La Hechura de las Políticas Públicas. Colección Antologías de Política Pública Segunda antología. México

Aguilar, S. 2015. La Triangulación de Datos como Estrategia en Investigación Educativa. Universidad de Sevilla. Facultad Ciencias de la Educación. Revista de Medios y 'Educación. N.º 47 Julio

Arias, I. 2016. Apuntes para una Discusión sobre Desarrollo Rural en Venezuela. Instituto Nacional Investigaciones Agrícola (INIA).

Barón, A. 2013. América Latina en la Geopolítica del Imperialismo. Ministerio del poder popular de la cultura. Venezuela.

Berroterán, J y Urdaneta L. 2015. Los Cereales en Venezuela. Arroz, Maíz y Sorgo. Fondo Editorial Tropykos. Caracas Venezuela

Calatrava, A. 2014. Trayectoria y Perspectiva de la Agricultura Venezolana. Capítulo I. Agricultura Venezolana: De la colonia hasta nuestros días.

Carvallo, G.1995. Procesos Históricos de la Agricultura Venezolana. Serie Agricultura y Sociedad. CENDES. Fondo Editorial Tropykos. Caracas. Venezuela.

Casanova, R.1997. De Hombres, Tierras y Derechos, la Agricultura y la Cuestión Agraria Por los Caminos del Descubrimiento. Colección perspectiva actual. Monte Ávila Editores Latinoamericana. Caracas Venezuela.

------------ 1998. Centro Latinoamericano de Administración para el Desarrollo (CLAD). Una Nueva Gestión Pública para América Latina.

Constitución de la República Bolivariana de Venezuela1999.Según Gaceta Oficial Nº5453. Marzo 2000.

Colombia. Ministerio de Agricultura Departamento Nacional de Planeación, El desarrollo agropecuario en Colombia, informe final de la misión de Estudios del sector agrícola Bogota,1990

Crespín, G y colaboradores, 2014. ¿Cómo Repensar el Desarrollo Productivo? Políticas e Instituciones Sólidas para la Transformación. Económica. Banco Interamericano de Desarrollo.

De Sousa Santos, B. 2010. Descolonización Del Saber, Reinventar El Poder. Ediciones Graficas Don Bosco. Montevideo Uruguay.

Dieterich, H. 2007. El Socialismo del Siglo XXI. Editado por FICA. Bogotá. Colombia.

Dómeme Olga, 2015. La Agroecológia en Venezuela: Tensiones entre el Rentismo Petrolero y la Soberanía Agroalimentaria. Agroecológia 10 (2): 55-62.

Dussel, E. 2007 Cinco tesis sobre populismo, UNAM- Iztapalapa. México.

El Troudi, H y Fernández, F. 2014. Compiladores, Venezuela Potencia Emergente. Caracas: Inédito

El Troudi, H y Monedero, J. 2007. Empresas se Producción Social, Instrumento para el Socialismo del Siglo XXI. Caracas: CIM.

El Troudi, H. 2010. La política Económica Bolivariana y los Dilemas de la Transición Socialista en Venezuela. CEPES. Monte Ávila Editores. Caracas. Venezuela

El Troudi, H. 2010. La Política Económica Bolivariana y los Dilemas de la Transición Socialista   en Venezuela. CEPES. Monte Ávila editores latinoamericana. Caracas Venezuela.

Finol, Y. 2011. El Socialismo del Siglo XXI, Definiciones y Particularidades del Proceso Venezolano. Fundación editorial el Perro y la Rana. Colección Alfredo Maneiro. Serie Pensamiento Social. Caracas, Venezuela.

Gabaldón, A. 1996. Dialéctica del Desarrollo Sustentable: Una Perspectiva Latinoamericana. Fundación Polar. Caracas. Venezuela.

García G. 2002. Tecnología Agrícola Campesina. Ediciones de la Universidad Ezequiel Zamora. Colección Ciencia y Tecnología. Fondo Editorial UNELLEZ. Barinas. Venezuela.

Giordani, J. 1995. Vigencia y Perspectivas de la planificación en Venezuela, CENDES. Hermanos Vadell. Caracas.

Giraldo, O & McCune, N 2019, Can the state take agroecology to scale? Public policy experiences in agroecological territorialization from Latin American. Agroecology and   Sustainable Food Systems.

Chávez, H. 2012. Golpe de Timón. I Consejo de ministros del Nuevo Ciclo de la Revolución Bolivariana. Octubre 2012

González, H.1978. Venezuela Agricultura y Soberanía. Sociedad Venezolana de Ingenieros Agrónomos.

Gurdián, A. 2007. El paradigma cualitativo en la investigación socioeducativa. Colección IDER. Costa Rica.

Guerrero, J. (1995), La Evaluación de Políticas Públicas: Enfoques Teóricos y Realidades en Nueve Países Desarrollados, Gestión y Política Pública, Vol. IV, 1, México, CIDE.

Guijarro J 2018. Materialismo Histórico – Dialectico una Critica a sus Fundamento. Filosofía de la Economía, VOL 7

Herrera F y Dómeme, O (compiladores). 2022. Agroecológia Insurgente en Venezuela. Territorios, Luchas, y Pedagogías en revolución, Mincyt. Caracas abril 2022

Hurtado, I y Toro, J. 2007. Paradigmas y Métodos de Investigación en Tiempo de Cambio, Colección Minerva. Caracas. Venezuela.

---------- 2005. Instituto Nacional de Investigaciones Agrícolas. ¿Por qué Desarrollo Endógeno Local? Maracay, Venezuela. INIA. Serie D-N.º 5.

Isa, N. 2013 ¿Cuál Democracia Cual Socialismo? En el Siglo XXI. Editorial el Tapial. Instituto de Publicaciones de la Alcaldía de Caracas del Municipio Bolivariano Libertador. Caracas Venezuela.

Izquierdo, H y colaboradores. 2008. Diseño de un Modelo de Gestión para Evaluar la Mejora de Programas de Desarrollo Endógeno como una Aproximación al Ámbito Regional o Local. Aplicación al Municipio Caroní, Ciudad Guayana, Tesis Doctoral no Publicada. Universidad Nacional Experimental de Guayana. Venezuela.

Kay C. y Vergara, L. 2018. La cuestión agraria y los gobiernos de izquierda en América Latina: Campesinos, agronegocio y neo desarrollismo. Buenos Aires: CLACSO.

Kuhn, T. 2004 La estructura de las revoluciones científicas por FONDO DE CULTURA ECONÓMICA MÉXICO Primera edición en inglés, 1962Primera edición en español (FCE, México), 1971Octava reimpresión (FCE, Argentina

Lahera, E. 2008. Políticas y Políticas. Públicas. División de Desarrollo Social. CEPAL. Santiago de Chile.

Lahera, E. 2004. Introducción a las Políticas Públicas, Fondo de Cultura Económica. Santiago de chile.

Lahera, E .2008. Capital Institucional y Desarrollo Productivo. Un enfoque de políticas públicas. Instituto Latinoamericano y del Caribe de Planificación Económica y Social – ILPES. Santiago de Chile, noviembre.

Lander, E. 2003.OMC, ALCA y Política Petrolera en Venezuela, en revista Question, Año 2, N.º 13, Caracas, julio 2003.

Lanz, R. 2009. Nuevos Desafíos para la Transformación de Venezuela, en revista Question, Año 1, N.º 7, Caracas.

Lanz, C. 2004. La Revolución es Cultural o Reproducirá la Dominación. Aportes para el Proceso de Rectificación y el Desarrollo de una Nueva Mentalidad en el seno de la Revolución Bolivariana. Febrero. Caracas.

Lebowitz, M. 2007. La Lógica del Capital Versus la Lógica del Desarrollo Humano. Biblioteca Popular para los   Consejos Comunales. Serie inventamos o Erramos.

Leff, E. 2001. Agroecología y Saber Ambiental. II. Seminario. Internacional Sobre Agroecológia. Porto Alegre. Noviembre.

Ley de Plan de la Patria 2013-2019. Segundo Plan de Desarrollo Económico y Social de la Nación. Gaceta oficial N.º 6118 diciembre 2013

Ley de Plan de la Patria 2019-2025. Segundo Plan de Desarrollo Económico y Social de la Nación. Gaceta oficial N.º 6118 diciembre 2013

Ley de Tierras y Desarrollo Agrario. Según gaceta oficial 38126 mayo 2005.

Lucha de los Pueblos, Revolución y soberanía alimentaria. 2013. Ensayos necesarios. Gente de Maíz. Fondo Editorial. Ministerio del Poder Popular para la alimentación. INN. Caracas Venezuela.

Martínez M. EL Paradigma emergente. Hacia una nueva teoría de la realidad científica. Editorial Trillas.

Martner, R y Máttar, J. 2012. Los Fundamentos de la Planificación del Desarrollo en América   Latina y el Caribe. Comisión Económica para América Latina y el Caribe (CEPAL)

Máss, M.2005. Desarrollo Endógeno. Cooperación y Competencia, editorial. Panapo de Venezuela.

Máttar, J y Cuervo L. 2017. Planificación   para el Desarrollo en América Latina y el Caribe Enfoques, experiencias y   perspectivas. Comisión Económica para América Latina y el Caribe (CEPAL).

Max- Neef, M. 1994. Desarrollo a escala humana. Barcelona: Icaria

Melero, Noelia.2011.   El Paradigma Crítico y los Aportes de la Investigación Acción Participativa en la Transformación de la Realidad Social: Un Análisis Desde las Ciencias Sociales. Universidad de Sevilla. España.

Mendoza, B.2000. El Moderno Desarrollo Agrícola en Venezuela. Ediciones de la universidad Ezequiel Zamora colección ciencia   y tecnología. Barinas. Venezuela.

Mészáros, I. 2001. Más Allá del Capital. Caracas: Vadell hermanos editores.

Metodología para la Elaboración del Modelo de Gestión Comunal de Fundos Zamoranos a Nivel Nacional. Caracas, 25 de octubre de 2012. República Bolivariana de Venezuela. Ministerio del Poder popular para la Agricultura y Tierra

Molina, L. y El Troudi, H. 2005. Introducción a la Educación en Economía Social y Popular. Caracas. Febrero.

Monedero, C. 2012. El Desarrollo Endo-Sustentable Interpretado dentro del Modelo Científico Historicista de Kuhn. Caso: Ámbito Rural Venezolano.1 Departamento de Ecología de la Facultad de Ciencias (UCV).

Núñez, M. 2002. Propuesta de Desarrollo Rural Sustentable. Parlamento Latinoamericano. Venezuela.

Núñez, M. 2007. Por una política agroecológica. La agroecología en la soberanía agroalimentaria venezolana. Mérida. Venezuela.

Oszlak, O. 2006. Burocracia Estatal: Política y Políticas Públicas, Postdata Revista de Reflexión y Análisis Político. Vol. XI, N.º 11, Abril: Buenos Aires, Argentina.

Oszlak, O. 1998. Políticas Públicas y Regímenes Políticos: Reflexiones a partir de algunas experiencias Latinoamericanas Documento de Estudios CEDES Vol. 3 N.º 2, Buenos Aires.

Ortega, E 1995." Políticas agrícolas, crecimiento productivo y desarrollo rural" Cepal – Fao, crecimiento productivo y heterogeneidad agraria. Santiago de Chile.

Padrón R. 2007. Socialismo Siglo XXI En La Revolución Bolivariana. Universidad Bolivariana de Venezuela. Marzo 2007.

Parra, F. 2005. El Desarrollo Rural y la Economía Social, en el Estado Mérida, Venezuela. Portugal PRODECOP: Cuna de experiencias exitosas. Proyecto Internacional de Investigación: El Desarrollo Rural y la Economía Social en el ámbito de los países de Iberoamérica, España y Portugal. Octubre.

Pichs, R. 2012. Recursos Naturales Economía Mundial y Crisis Ambiental. Ed. Científico - Técnica. La Habana, Cuba

-------------- Perspectivas de la agricultura y del desarrollo rural en las Américas: una mirada hacia América Latina y el Caribe 2013, CEPAL / FAO / IICA, Chile, octubre, 2012.

Prato, N.1991.Relaciones de producción en la agricultura venezolana. Aspectos teóricos- metodológicos. Serie Agricultura y Sociedad. Fondo editorial Tropykos. CENDES.

Prato, N. 1991. Las Relaciones de Producción en la Agricultura Venezolana. Aspectos Teóricos- Metodológicos. CENDES, Caracas.

Proyecto Nacional Simón Bolívar. Primer Plan Socialista. Desarrollo Económico Social de la Nación. 2007-2013.Caracas, septiembre. 2007.

Ramonet, I. 2008. La Crisis del Siglo XXI. El Fin de una Era del Capitalismo Financiero. Fundación Editorial el perro y la rana. Ministerio del poder Popular y la Cultura. Venezuela.

Rangel M. 1996. Dinámica del Proceso de Investigación Social. Ediciones de la Universidad Ezequiel Zamora, Vicerrectorado de planificación Y Desarrollo social Barinas.

Rodríguez, R, Hesse, M.2000. Al andar se hace camino. Guía metodológica para desencadenar procesos autogestionarios alrededor de experiencias agroecológicas. Colombia.

Sanoja, M, y Vargas I. 2008. La Revolución Bolivariana Historia, Cultura y Socialismo. Monte Ávila Editores Latinoamericana. Caracas Venezuela.

Sanoja, M. Vargas, I. 2015. La Marcha hacia la Sociedad Comunal. Tesis sobre el Socialismo Bolivariano. Colección Alfredo Maneiro. Caracas Venezuela.

Sánchez, M y Nube, S. 2003. Compendio de Metodología Cualitativa en la Educación. Cuadernos Monográficos CANDIDUS Editores Educativo.

Sandoval, C. 2002 Investigación Cualitativa. ARFO. Editores e impresos Ltda Colombia.

Sartelli, E. 2010. La cajita infeliz, Un Viaje a Través de la Sociedad Capitalista. Parte II. Hacia arriba: las superestructuras. Colección Alfredo Maneiro. Serie Pensamiento Social. Caracas Venezuela.

Silva L. 2008. Anti Manual para uso de Marxistas, Marxólogos y Marxianos. Biblioteca Básica de Autores Venezolanos. Monte Ávila editores latinoamericanos. Caracas Venezuela.

Subirats, J. 2008. Análisis y Gestión de Políticas Públicas, Capitulo 9. II Parte. 1era edición. Octubre

Vargas T. 2008. Sociedad, Producción y Desarrollo Rural. Tema III. Universidad Central de Venezuela.

Valera G, y Madriz, G. 2008. Lectura, Ciudadanía y Educación. Miradas desde la Diferencia. Serie pensamiento pedagógico Paulo Freire. Caracas. Venezuela.

Valero S. 2000. Introducción a las Actividades Agropecuarias. Ediciones de la universidad Ezequiel Zamora. Colección Docencia Universitaria Barinas Venezuela.

Varsavsky O. 2006. Hacia una Política Científica Nacional. Monte Ávila Editores Latinoamericana. Caracas Venezuela.

Vergara, P. 1995. Perspectivas Ambientales del Planeta Tierras. Visión siglo XXI, Desarrollo Sustentable en América Latina.

ANEXOS

ANEXO 1

Entrevista no estructura - Actores sociales informantes claves. Estrategia de Taylor y Bogdan1992. Matriz de información con categorías inherentes al fortalecimiento productivo del Núcleo de Desarrollo Endógeno 19 de Abril

Categorías / Actores Sociales	Participación Comunitaria	Tipo de Organización	Vocación Productiva	Incentivo	Instituciones Presente	Liderazgo	Planificación Agrícola	Conocimiento Agrícola	Auto-Gestión	Corresponsabilidad
1	poca	No funciona	Si hay	Nada	ninguna	Algunos tienen	Nadie hace nada	Algunos tienes	Algunos hacen algo	Nadie hace nada
2	Si Hay a veces	No existen	Si hay algo	Nunca	A veces	No hay	No se hace	Mas o menos algo	nada	Nadie
3	No hay	Si hay, pero no funciona	Si hay	Si han dado algo para sembrar	CIARA	No se sabe nada	No cada quien por su cuenta	Si hay	No se hace nada	Tampoco
4	Si hay, pero poco	No funciona	Si hay la gente siembra	Nunca	INSAI	No hay	No hay	Ninguno	Nada	Nadie hace nada
5	La gente está cansada	Cooperativa	Si tienen la mayoría	A veces	Ninguna	No se hace nada	No se hace	Algunos conocen algo	A veces	No hay
6	La gente participa	Consejo comunal	Si tienen algunos	Nunca han dado algo	Alcaldía	No se hace nada	No se hace	La gente conoce algo	Algunos hacen	Si algo hace la gente
7	Nadie hace nada, pero a veces participan	Cooperativa	Nada	Nada	No hacen nada	Algunos asumen algo si tienen interés	Se hacen cosas sin planificar	Algo se sabe, pero no agroecológico	Si a veces hacen algo	Algunos hacen algo por la comunidad
8	No hay participación	No hay	Todos siembran algo	Nada	A veces	Algunos tienen	No se planifica	Todos siembran algo	Nada se hace	No tienen
9	Nada	No funciona	Nadie está sembrando nada	Si dieron en una oportunidad	Algunas veces	Si Algunos Tienen	Para que no se hace nada	Algunos	Nada	Algunos tienen
10	La gente no hace nada	No funciona desde hace mucho tiempo	Algunos siembran algo	Nada	Cuando hay campaña política	Aquí nadie tiene liderazgo para nada	No se planifica nada	Algunos siembran	A veces algunos	No hay

ANEXO 2

Entrevista estructurada a especialistas para la fase diagnostica a la investigación

Instrumento de Recolección de Datos para el Diseño de un modelo para el fortalecimiento productivo del   núcleo de desarrollo endógeno de la comunidad 19 de abril: una contribución a las políticas públicas agrícolas del estado Bolívar

Realizado por: MSc. Amanda Olivier   Tutora: Dra. Noris García

El presente instrumento tiene como finalidad   recopilar la información requerida para desarrollar el trabajo de investigación "Diseño de un modelo para el fortalecimiento productivo del Núcleo de Desarrollo Endógeno de la comunidad 19 de Abril: Una Contribución a las Políticas Públicas Agrícolas del estado Bolívar. Presentado como requisito parcial para optar al Título de Doctor en Ciencias para el Desarrollo Estratégico de la Universidad Bolivariana de Venezuela

La entrevista estructurada consta de un cuestionario de tres partes, formuladas en la modalidad de preguntas cerradas, En tal sentido, se le agradece su valiosa colaboración para valorar las preguntas que se le presentan a continuación, así como los aspectos de redacción, presentación, estructuración de la encuesta; con el propósito de que su criterio permita recibir observaciones para mejorar el instrumento y/o validarlo para su posterior aplicación. Su sinceridad sería muy valiosa para el objetivo que persigue el instrumento, como es el fortalecimiento de la producción agrícola en el núcleo de desarrollo endogeno19 de abril, una contribución a las políticas públicas agrícolas del estado Bolívar.

Para el proceso de llenado del instrumento se recomienda seguir las siguientes instrucciones:

1   Responda cada uno de los planteamientos del instrumento en forma individual
2   Realice una lectura de cada interrogante, antes de emitir una respuesta
3   Responda las interrogantes con sinceridad, esta arte es valiosa para la validación de la información
4   Responder todas las interrogantes, no dejar ninguna en blanco

Disculpe las molestias ocasionadas

Gracias.

PARTE I: CONOCIMIENTOS SOBRE LAS POLITICAS PUBLICAS AGRÍCOLAS POR PARTE DE LOS ORGANISMOS PÚBLICOS EN EL MARCO DEL DESARROLLO DE LA PRODUCCION AGRICOLA EN EL MUNICIPIO ANGOSTURA DEL ORINOCO.

1. Su participación en las actividades relacionadas con las políticas públicas agrícolas en el municipio, ha sido muy activa:

   ( ) Definitivamente si
   ( ) Probablemente si
   ( ) Indeciso
   ( ) Probablemente no
   ( ) Definitivamente no

2. ¿Considera que los conocimientos que ha adquirido sobre las políticas públicas agrícolas, son significativos para impulsar el fortalecimiento y desarrollo productivo dentro del NUDE 19 de abril?

   ( ) Definitivamente si
   ( ) Probablemente si
   ( ) Indeciso
   ( ) Probablemente no
   ( ) Definitivamente no

3. ¿De acuerdo a su criterio, considera que es importante que los entes públicos responsables de asistir a los programas y proyectos agrícolas, dicten cursos o talleres destinados a fortalecer sus conocimientos sobre el uso de las nuevas tecnologías agrícolas?

   ( ) Totalmente de acuerdo
   ( ) De acuerdo
   ( ) Neutral

() En desacuerdo

() Totalmente en desacuerdo

4. ¿La principal actividad económica que se desarrolla en el NUDE 19 de abril es?

() Agrícola

() Pecuaria

() Pesquera

() Turismo

() Forestal

() Otras

5. ¿Considera usted que el proyecto endógeno desarrollo del Nude19 de abril está vinculado principalmente con la producción agrícola?

() Definitivamente si

() Probablemente si

() Indeciso

() Probablemente no

() Definitivamente no

6. ¿Considera usted que la organización social que trabaja en el NUDE 19 de abril y productores de la comunidad tiene conocimientos sobre la agroecológia?

() Definitivamente si

() Probablemente si

() Indeciso

() Probablemente no

() Definitivamente no

7. ¿Considera usted tener conocimientos sobre las nuevas políticas públicas agrícolas orientadas hacia la agroecológia?

() Definitivamente si

() Probablemente si

() Indeciso

() Probablemente no

() Definitivamente no

PARTE II: ESTRATEGIAS COMUNITARIAS PRODUCTIVAS Y TECNOLÓGICAS PARA MEJORAR EL PROCESO DE FORTALECIMIENTO PROUCTIVO DE LAS POLITICAS PUBLICAS EN EL NUDE 19 DE ABRIL.

8. ¿Considera que las políticas públicas agrícolas aplicadas en NUDE19 de abril cuenta en estos momentos con nuevos instrumentos participativos, productivos y tecnológicos para mejorar la producción agrícola?

   () Totalmente de acuerdo

   () De acuerdo

   () Neutral

   () En desacuerdo

   () Totalmente en desacuerdo

9. ¿Las políticas públicas agrícolas actualmente aplicadas en el NUDE 19 de abril poseen supervisión y asesoría tecnología que ayudan a mejorar la producción de alimentos?

   () Definitivamente si

   () Probablemente si

   () Indeciso

   () Probablemente no

   () Definitivamente no

10. ¿Según su criterio; qué tipo de producción o tecnología agrícola sería la más adecuada tomando en cuenta las características naturales y físicas del NUDE 19 de abril?

   () Convencional

() Agroecológica

() Tradicional

() Hidroponía

() Ecológica

() Otras

11. ¿Tiene conocimiento sobre la agroecología, como una estrategia agrícola dentro de políticas públicas agrícolas para la producción de alimentos de calidad y menos dañino para el medio ambiente?

() Definitivamente si

() Probablemente si

() Indeciso

() Probablemente no

() Definitivamente no

12. ¿Conqué frecuencia han utilizado la agricultura convencional como modelo de producción dentro de las políticas públicas agrícolas para la producción de alimentos dentro del NUDE 19 de abril?

() Siempre

() Casi Siempre

() Indeciso

() Algunas Veces

() Nunca

13. ¿Considera que, con la utilización de las políticas públicas agrícolas bajo el enfoque del modelo convencional como fertilizantes sintéticos, biosidas y mecanización son suficientes para impulsar el desarrollo de las actividades productivas dentro del Nude19 de abril?

() Totalmente de acuerdo

() De acuerdo

() Neutral

() En desacuerdo

() Totalmente en desacuerdo

14. ¿Considera que el Estado debe mejorar las orientaciones de las políticas públicas agrícolas   para impulsar el desarrollo rural?

() Muy de acuerdo

() De acuerdo

() Ni de acuerdo, ni en desacuerdo

() En desacuerdo

() Muy en desacuerdo

15. ¿Ha tenido la oportunidad de participar en actividades   desarrolladas por   las instituciones u organismos públicos encargados de la producción agrícola, donde se promuevan la agroecología como nuevo modelo ecológicamente sustentable socialmente más justo y económicamente más viable?

() Definitivamente si

() Probablemente si

() Indeciso

() Probablemente no

() Definitivamente no

16. ¿Qué le parece la idea, que en la comunidad se desarrolle un plan a corto plazo donde se implemente el modelo agroecológico para producir alimentos donde participe toda la comunidad?

() Totalmente de acuerdo

() De acuerdo

() Ni de acuerdo, ni en desacuerdo

() En desacuerdo

() Totalmente en desacuerdo

PARTE III: ESTRATEGIAS PARA LA CONTRIBUCCION DE LAS POLITICAS PUBLICAS AGRÍCOLA EN EL NUDE 19 DE ABRIL

Tenga usted la amabilidad de responder las siguientes preguntas

1.- ¿Cuál es el estatus jurídico de las tierras donde desarrolla la actividad agrícola del NUDE 19 de abril?

2.- ¿Diga cuáles son los rubros desarrollados por dentro del área productiva del NUDE 19 de abril?

3.- ¿Ha sido el NUDE 19 de abril beneficiario de los programas de capacitación, asesoría técnica y financiamiento que desarrolla el Estado en materia agrícola? (explique)

4.- ¿Bajo qué modalidad asociativa (cooperativa, organización privada o con ONG) ha desarrollado actualmente la actividad agrícola en el NUDE19 de abril?

5.- ¿Cuáles son los mecanismos bajo los cuales ha sido dotado de los insumos necesarios para el desarrollo de la actividad en el Nude19 de abril?

6.- ¿Ha recibido el NUDE 19 de abril asistencia técnica, para el manejo de los cultivos o rubros agrícolas por parte de los organismos del Estado responsables de la materia agrícola?

7.- ¿Ha sido el NUDE 19 de abril participe de actividades desarrolladas en el área de la investigación, destinadas al mejoramiento de la producción agrícola?

8- ¿Qué apoyo ha recibido el NUDE 19 de abril por parte del Estado para la comercialización de la producción generada dentro de las áreas productivas?

9.- ¿Ha sido asistido por técnicos responsables de la gestión, seguimiento y control en la ejecución de las políticas públicas agrícolas en cuanto al manejo de recursos asignados por el Estado, para el desarrollo de los rubros financiados?

Una vez leído el instrumento propuesto para la encuesta que se aplicará, proceda a calificar con una escala del 1 al 100 cada uno de los 4 criterios que se señalan en la tabla que se presenta a continuación, a fin de conocer su valoración general del instrumento.

Experto, Pertinencia   y Actualidad, Redacción Coherente   y Clara Consistencia, Preguntas y Objetivos, Estructuración Correcta Resultado de la valoración

Observaciones generales sobre el instrumento:

EXPERTOS	PERTINENCIA Y ACTUALIDAD	REDACCIÓN COHERENTE Y CLARIDAD	ESTRUCTURA CORRECTA	CONSISTENCIA PREGUNTASY OBJETIVOS
RESULTADOS DE VALORACION				

Técnica del cuestionario aplicados actores claves como son miembros de la organización social de la cooperativa del Núcleo de Desarrollo Endogeno19 de abril

Objetivo: Conocer aspectos sociales, técnicos productivos, naturales, físicos y climatológicos del núcleo de desarrollo endógeno 19 de abril

1. Elementos sociales

   ¿Tipo de organización social a la cual pertenecen?

   ¿Reciben cursos de formación o capacitación agrícola?

   ¿Condiciones operativa de la organización social?

   ¿Cuántos socios representan la organización social?

   ¿Condiciones de vialidad?

2. Elementos naturales

   ¿Condiciones de la vegetación?

   ¿Presencia de cuerpos de agua?

   ¿Superficie del terreno?

   ¿Tipo de formación vegeta predomínate?

3. Elementos técnicos productivos

   ¿Presencia de equipos e infraestructuras agrícolas?

   ¿Tipo de movimiento de tierras realizadas?

   ¿Aplican técnicas agroecológicas?

   ¿Tipo de prácticas agrícolas realizadas?

   ¿Tipo de producción agrícola?

   ¿Algún recibimiento de apoyo financiero?

   ¿Reciben asistencia o asesoría técnica?

   ¿Producción agrícola con buenos rendimientos?

   ¿Condiciones para la comercialización de la producción?

1. Elementos físicos

    ¿Realizan análisis de suelo?

    ¿Aplican técnicas de protección de recursos naturales?

    ¿Cómo resguardan las maquinarias e implementos agrícolas?

    ¿Condiciones de la infraestructura?

2. Elementos climatológicos

    ¿Condiciones de precipitación del área productiva?

    ¿Condiciones de temperatura de la zona?

Validación del instrumento de recolección de información
(Triangulación)

La investigación se desarrolló desde el enfoque del materialismo histórico dialectico que tal como lo explica Sandoval (2002), "*…trata de comprender la realidad social como fruto de un proceso histórico de construcción visto a partir de la lógica y el sentir de sus protagonistas, por ende, desde sus aspectos particulares y con una óptica interna*". En este sentido para lo correspondiente a los instrumentos de recolección de información se consideró el siguiente procedimiento:

Paso 1. Diseño de instrumento de recolección de información

Bajo esta concepción metodológica se construyó una matriz con las categorías que se han de considerar en la investigación sobre las políticas públicas agrícolas. Categorías que se obtuvieron a partir de la revisión de carácter documental que acompaño la etapa inicial del trabajo de investigación, referida a los fundamentos teóricos de las políticas públicas agrícolas.

Con las categorías a considerar en la investigación se estructuró una encuesta de preguntas que fueron aplicados bajo la modalidad de entrevista a los actores claves y Poder Público, involucrados en las políticas públicas agrícolas.

Paso 2. Selección de los actores a aplicar el instrumento diseñado

Considerando métodos de muestreo no probabilísticos, se seleccionaron intencionalmente las instancias del Poder Público y Poder Popular que de acuerdo a sus funciones públicas tienen conocimientos sobre las políticas públicas agrícolas, siendo escogidos para el Poder Público, el Ministerio de Producción Agrícola y Tierra, la Fundación para la Capacitación y Desarrollo Agrícola y el Instituto nacional de Desarrollo Agrícola y para el Poder Popular se escogieron los miembros de la cooperativa kamaropa

De este modo se seleccionaron en estas instancias los informantes claves tomando en cuenta los siguientes criterios:

Poder Público:

☐ Ministerio del Poder Popular para la producción agrícola y tierra:

☐ Personas que han   dirigidos políticas públicas agrícolas a nivel nacional y estadal

☐ Personas que realizaron aportes de capacitación y planes de innovación para el establecimiento de las políticas públicas agrícolas en núcleo de desarrollo endógeno 19 de abril

☐ Personas responsables de ejercer las competencias regulatorias en materia desarrollo agrícola a nivel nacional

.

Poder Popular:

Los informante claves de la Cooperativa Kamaropa, escogidos intencionalmente, con la condición de ser los miembro activo y trabajadores del Núcleo de desarrollo endogeno19 de abril.

Paso 3. Aplicación y validación del instrumento de recolección de información

Considerando el enfoque asumido en el proceso investigativo, la validez del instrumento aplicado (encuesta), tal como lo explica Gurdián (2007), se obtiene mediante la triangulación de los resultados de la encuesta aplicada al Poder Público, el Poder Popular y su contrastación con los fundamentos teóricos y de carácter legislativo consultados en el marco de la gestión de los residuos sólidos.

En tal sentido, siguiendo la metodología de triangulación de datos para validación de la información se siguieron los siguientes pasos:

1. Listar las diferentes alternativas de repuesta que realizaron los encuestados a cada una de las preguntas realizadas, asignando un código que le vincule con la categoría a la que pertenece.
2. Valorar la cantidad de encuestados que generaron cada una de las respuestas a las preguntas establecidas y la cantidad de instrumentos de carácter documental que sustentan esa respuesta.

3. Seleccionar la alternativa de respuesta más aceptada según los mayores niveles de concordancia entre los actores encuestados.

4. Interpretación de las evidencias para explicar la situación actual de las políticas públicas agrícolas.

Como se refirió anteriormente con esta triangulación se logró la validación del instrumento considerando además la calidad del mismo por cubrir los criterios señalados por Gurdián (2007) en relación a:

La credibilidad de los hallazgos del estudio por estar reconocidos como reales o verdaderos, por las personas que participan en la investigación y por aquellos que han experimentado y estado en contacto con el fenómeno investigado.

La confiabilidad, referida a la neutralidad de la interpretación a partir de la certeza de la existencia de datos para cada interpretación.

La transferibilidad por la posibilidad de trasferir los resultados a otros grupos que forman parte de la red de actores de las políticas públicas agrícolas

ANEXO 5

Cuadro comparativo resultados encuesta aplicada (Triangulación)

Comparación resultados obtenidos encuestados (Contrastación)

		INFORMANTESCLAVES																		
	Categorías	COINCIDENCIAS DE			RESPONSABLES INSTITUCIONALES			ACTORESSOCIALES										REVISION DOCUMENTAL	OBSERVACION	NUEVATEORIA
		FONDAS	SPECIALISTA	CIARA	A	B	C	1	2	3	4	5	6	7	8	9	10			
1	Participación comunitaria en los procesos de formación y toma de decisiones, la autogestión	X	X	X	Y	Y	Y	X	X	X	X	X	X	X	X	X	X	La participación comunitaria es un factor promotor del poder popular, centrado en la ciudadanía, sujeto planificador y gestor (El Troudi)2010	Participación comunitaria excluida	La participación comunitaria como herramienta de transformación social a través de los esfuerzos centrados
2	La planificación agrícola vinculada con el contexto, la corresponsabilidad e institucionalidad para un modelo productivo socialista	X	X	X	Y	Y	Y	X	X	X	X	X	X	X	X	X	X	Las planificaciones de políticas agrícolas han fluctuado asimismo en función de la subida o bajada de los precios del petróleo, y de los criterios técnicos de los distintos ejecutivos de la cartera agrícola nacional (Dómeme)2015	Planificación agrícola descontextualizada	La planificación agrícola debe de estar dada según las necesidades de las comunidades, se requiere de la Condiciones de respuesta y cargado de nuevas ideas y propuestas
3	Conocimiento agroecológico en el desarrollo de los procesos productivos para el desarrollo endógeno	X	X	X	Y	Y	Y	X	X	X	X	X	X	X	X	X	X	La política pública puede ayudar a llevar la agroecología a escala, mientras califica este debate por Reconociendo la evolución del pensamiento sobre el poder estatal en América Latina (Giraldoay McCunen) 2019	Modelo convencional productivo agrícola	Nuevo paradigma productivo para una producción del nuevo tejido del saber agrícola

Cont. Anexo 4...

N°																				
4	Desarrollo de potencialidades, vocación productiva, tradiciones culturales de acuerdo a las exigencias comunitarias	X	X	X	Y	Y	Y	X	X	X	X	X	X	X	X	X	X	La dinámica social de las comunidades debe definir las necesidades de acuerdo a su vocación productiva permitiendo desarrollar acciones que apunten al desarrollo endógeno (Lanz) 2012	convocación productiva sin desarrollo de las mismas	Es fundamental conocer la vocación productiva para difundir las experiencias y elaborar acciones sociales colectivas comunitarias
5	Fortalecimiento de la institucionalidad, se enfoca desde una perspectiva de planificación para el desarrollo y busca incidir en la calidad de las políticas pública s	x	x	x	y	y	y	X	x	x	x	x	x	x	x	x	x	Es necesario superar la intermediación burocrática, concretando un nuevo modelo de planificación de políticas publicas (Lahera)1999	Institucionalidad ausente	Apoyo institucional articuladamente implementando procedimientos de planificación prácticos para responder a las condiciones
6	Nuevas formas de organización social y productiva regida por los principios de la democracia participativa, organización popular, desconcentración territorial y redistribución de la tierra	x	x	x	Y	y	y	x	x	x	x	x	x	x	x	x	x	Las nuevas modalidades de disponer de los medios y los recursos para llevar adelantes procesos productivos puesta en función de lo social que hagan sustentable la vida comunitaria (Herrera) 2008	Organización social productiva sin principios de liderazgo	Esta nueva perspectiva de transformación económica desde lo local, se sostiene bajo una visión holística, orientada en una concepción política, económica, social, territorial e internacional, en un ambiente sano y productivo, mediante el incentivo de la producción nacional

X: IDEAS COINCIDENTES
Y: IDEAS NO COINCIDENTES

ANEXO 6

Guía de Observación Directa

Objetivo: Identificación de las condiciones naturales del Núcleo de desarrollo endógeno 19 de abril

Propósito: Develar algunos elementos naturales que conforman el entorno del Núcleo de desarrollo endógeno 19 de abril, esenciales para el fortalecimiento productivo agrícola

Ecosistema	Sabana	Morichal	Bosque
Vegetación	Arbustiva	Graminiforme	Chaparral
Hidrología	Morichal	Rio	Quebrada
Suelo	Mecanizado	Natural	Barbecho
Biodiversidad	Ausente	Presente	Abundante
Paisaje	Modificado	Deforestado	Transformado
Recurso forestal	Talado	Tumbado	Aprovechado
Relieve	Montaña	Pie de monte	Sabana
Topografía	Con pendiente	Plano	Abrupto

ANEXO 7

Guía de Observación Participante

El siguiente instrumento tiene como objetivo identificar el estado actual de las condiciones físicas de las diferentes infraestructuras de producción agrícola del núcleo de desarrollo endogeno19 de abril

Objetivo: Observar la realidad actual técnica productiva de las instalaciones e infraestructuras físicas del Núcleo de Desarrollo Endógeno 19 de abril

1. Condiciones físicas general de los galpones de cría de pollos y cochineras		
• Deteriorados	• Recuperables	• Aprovechables
2. Condiciones de los techos y piso de la infraestructura de acopio		
• Deteriorados	• Recuperables	• Aprovechables
3. Condiciones de las paredes de las instalaciones físicas		
• Deteriorados	• Recuperables	• Aprovechables
4. Estado físico de la cerca perimetral del núcleo de desarrollo endógeno		
• Deteriorados	• Recuperables	• Aprovechables
5. Condiciones del sistema de riego del núcleo de desarrollo endógeno		
• Deteriorados	• Recuperables	• Aprovechables
6. Condiciones de la superficie del terreno del NUDE 19 de abril		
• Invadidos	• Recuperables	• Aprovechables
7. Acometida eléctrica del núcleo de desarrollo endógeno		
• Invadida	• Ocupada	• Irrumpida
8. Pozo perforado del núcleo de desarrollo endógeno		
• Operativo	• Permanece	• Deteriorado

Selección de expertos (método Delphi) para validar el modelo de fortalecimiento productivo agrícola en el Núcleo de Desarrollo Endógeno 19 de abril: Una contribución a las Política pública agrícola del estado Bolívar

Método Delphi

Una vez obtenidos, interpretados y presentados los resultados de la encuesta, estos fueron considerados para la construcción del modelo para el fortalecimiento productivo en el Núcleo de Desarrollo Endógeno 19 de abril una contribución a las Políticas Públicas agrícolas estado Bolívar. Para el desarrollo del diagnóstico se utilizó una encuesta que antes de ser aplicada fue sometida al juicio de expertos, seleccionados a partir del método Delphi para valorar su aplicabilidad. Se busca seleccionar los expertos a partir del coeficiente de conocimiento (Kc), coeficiente y argumentación (Ka) para obtener el coeficiente de competencia (K).

El procedimiento seguido para esta validación fue el siguiente:

Paso 1. Coeficiente de conocimiento

Se les pide a los candidatos que evalúen su nivel de conocimiento acerca del tema en una escala creciente del 1 al 10. Se determina por:
Considerando que Kc es el coeficiente de conocimiento y n el valor que se asigna al conocimiento por parte del experto.

Kc=n/10

Paso 2. Coeficiente de argumentación

Se les indica a los candidatos que valor en su capacidad de argumentación teniendo en cuenta un grupo de aspectos:

 1.- Experiencia práctica

 2.- Experiencia teórica

 3.- Conocimiento del con texto local

 4.- Conocimiento del estado del problema en estudio

 5.- Experiencia como metodólogo en la investigación

$$Ka = \sum_{1}^{6} ni$$

Ka=

Los valores reflejados por cada experto se contrastan con los valores de comparación

Paso 3. Coeficiente de competencia

Se determina el coeficiente de competencia de cada candidato para seleccionar los expertos definitivos.

K=0,5(Kc+ Ka)

Kc ≥ 0.8Coeficientedecompetencia alto

0.5≥Kc <0.8Coeficiente de competencia medio.

Kc <0.5Coeficiente de competencia bajo.

Los resultados obtenidos se presentan en el siguiente cuadro:

Experto en El objeto de estudio	Grado de conocimiento del objeto de estudio	KC	KA	K	NIVEL
1	9	0,9	O,9	0,9	ALTO
2	9	0,8	1	0,9	ALTO
3	8	0,8	0,8	0,8	ALTO
4	9	0,8	0,8	0,9	ALTO
5	8	0,9	0,9	0,9	ALTO

Según esta proyección resultan escogidos 05 candidatos como expertos por cumplir con un coeficiente de competencia alto. Los datos de los expertos seleccionados siguiente el método Delphi son:

1, Ingeniero Agrónomo Zoilo Flores especialista en Políticas Agrícolas, Exdirector de la Dirección de Desarrollo agrícola de la Gobernación del estado Bolívar

2.Ingeniero Agrónomo Milagro Rivadula, directora de Silos Bolívar CVG

3.Ingeniero Agrónomo Arquímedes Santaella. Especialista en Políticas Públicas del sector agrícola. Exdirector de la Fundación para la Capacitación e Innovación de Apoyo a la Revolución Agrícola (CIARA) Estado Bolívar

4.Ingeniero en producción de alimentos Marisabel Marcano. Especialista en desarrollo rural. Estudiante de maestría en ciencias para desarrollo estratégico, Técnico de campo en Fundación para la Capacitación e Innovación de Apoyo a la Revolución Agrícola (CIARA). Estado Bolívar.

5.Ingeniero Agroindustrial, Orlando Bravo. Especialista en estimación de cosechas. Trabajador del MPPP de producción agrícola y tierra

Método ANOCHI

Una vez seleccionados los expertos se procedió a entregarles un instrumento para realizar la valorización de la encuesta, acompañado de un ejemplar del cuestionario de la encuesta.

El instrumento se construyó con cinco (5) criterios de valoración: pertinencia y actualidad, redacción coherente y clara de las preguntas, consistencia de las preguntas con los objetivos de la investigación y estructuración correcta. Para el procesamiento de estos criterios a partir de la valoración de los expertos seleccionados, se utilizó el método ANOCHI que es una aplicación estadística no paramétrica que permite realizar estudios de confiabilidad al determinar la asociación entre n jueces al evaluar k criterios, los cuales reciben un valor de rango cuantitativo según una escala numérica.

Este método ANOCHI, es un índice de concordancia del cuerdo efectivo mostrado en los datos en relación con el máximo acuerdo posible, su valor se expresa en un rango de 0 a 1, donde 1 significa concordancia perfecta y/o ausencia total de concordancia. Para el desarrollo de esta validación del cuestionario de la encuesta por el método ANOCHI, se cumplieron los siguientes pasos:

Paso 1. Se organizaron los datos en forma de matriz donde las filas serán los jueces y las columnas los criterios a valorar del modelo.

Paso 2. Obtener las diferencias de los rangos asignados para cada criterio a partir de todas las combinaciones de pares de jueces.

Paso 3. Obtener la fracción de discrepancia de cada criterio y el promedio de los criterios a partir de dividir la diferencia de rangos del criterio entre la máxima diferencia posible.

Paso 4. Calcular la fracción de coincidencia de cada criterio y la del promedio como índice de la concordancia ANOCHI a partir del complemento del valor de 1.

Paso 5. Interpretación del valor del índice ANOCHI según los siguiente:

Elevado o muy buena: mayor de 0,80
Aceptable o buena: entre 0,61 y 0,80

Moderada o regular: entre 0,4 1 y 0,60
Débil o bajo: entre 0,21 y 0,40
Muy bajo a insuficiente: menor 0,2

Con los resultados arrojados con el método ANOCHI se concluye que de acuerdo al valor de índice de concordancia el cuestionario propuesto para la encuesta tiene una valoración de escala elevada o muy buena, ya que supera el rango de 0,80. A continuación se presenta la tabla resultado del mencionado procedimiento:

Resultados aplicando ANOCHI:

Experto	Pertinencia y Actualidad	Redacción Coherente y Clara	Consistencia Preguntas y Objetivos	Estructuración Correcta	Media
Discrepancia De rango	30	28	27	28	22,50
Índice de discrepancia	0,1	0,2	0,01	0,01	0,10
Índice de coincidencia	1,00	0,90	0,70	0,80	0.85

REGISTRO FOTOGRAFICO

Sentencio: **CONTROLA EL PETROLEO Y CONTROLARAS LAS NACIONES, CONTROLA LOS ALIMENTOS Y CONTROLARAS LOS PUEBLOS**

HENRY   KISSINGER 1973

LA REVOLUCIÓN ES CULTURAL O SE REPRODUCIRÁ LA DOMINACIÓN

CARLOS LANZ RODRIGUEZ 2004

yes **I want** morebooks!

Buy your books fast and straightforward online - at one of world's fastest growing online book stores! Environmentally sound due to Print-on-Demand technologies.

Buy your books online at
www.morebooks.shop

¡Compre sus libros rápido y directo en internet, en una de las librerías en línea con mayor crecimiento en el mundo! Producción que protege el medio ambiente a través de las tecnologías de impresión bajo demanda.

Compre sus libros online en
www.morebooks.shop

info@omniscriptum.com
www.omniscriptum.com

Printed by Books on Demand GmbH, Norderstedt / Germany